# Casas latinoamericanas
# Latin American Houses

**Ediciones G. Gili, S.A. de C.V.**

**México, Naucalpan 53050** Valle de Bravo, 21. Tel. 560 60 11
**08029 Barcelona** Rosselló, 87-89. Tel. 322 81 61
**Santa Fe de Bogotá** Calle 58, N.° 19-12. Tel. 217 69 39

# Casas latinoamericanas
# Latin American Houses

E. Browne/A. Petrina/H. Segawa/A. Toca/S. Trujillo

GG®/México

# Índice



# *Contents*

# Introducción

## Casa de las Américas

La casa iberoamericana representa, antes quizá que la de cualquier otra civilización de Occidente, el paradigma más perfecto del tema. Ella contiene toda la memoria espacial del Mediterráneo -romano, árabe, andaluz- y, en cierto sentido, la de las altas culturas precolombinas, y tal herencia no puede sobrellevarse sin contagiar al objeto que la exhibe una significación mítica que termina por erigirlo en fetiche de su especie.

Casa de formas singularmente puras, de una geometría en la que lo ideal suele ceder terreno ante la materialidad que la sustenta. Casa con un corazón invisible pero presentido -el patio-, cuyo linaje se pierde en al noche de los siglos. Casa cerrada sobre sí, sobre el secreto indescifrable de la vida humana, donde la intimidad es protegida como un misterio antiguo.

Metafísica en México, riente en el Caribe, pétrea en el espinazo andino, austera en Chile, despojada en el Río de la Plata, extrovertida en el Brasil, su imagen admite todas las transformaciones que le dictan las diferencias de geografía y costumbres, manteniendo, no obstante, una identidad esencial que la refiere a todo el continente y a sus gentes. Ciertas constantes, ciertos materiales, ciertos colores, otorgan a esta rica diversidad de modelos un inconfundible aire de familia que permite reconocer su pertenencia a la región.

Así, la casa hispanocriolla del período colonial sienta las bases de un vocabulario común que caracterizará la tipología desde California hasta el extremo sur de América: rotundas volumetrías cúbicas, patios y galerías, gruesos muros enjalbegados, cubiertas de tejas a la española, pisos de ladrillo o de cerámica colorada, balcones y celosías de madera, rejas de hierro. La tradición lusobrasileña agregará a tales elementos el lujo exuberante del azulejo.

Los cambios políticos que sobrevendrán con el fin del colonialismo y el inicio de la Independencia y de la era republicana no dejarán una huella demasiado profunda en la arquitectura doméstica. Ya desde las postrimerías del siglo XVIII había ido abandonándose el lenguaje fastuoso del Barroco por los estrictos moldes del Neoclasicismo, pero esta sustitución interesaba más a la expresión arquitectónica oficial que a la privada.

Hacia mediados del XIX la tenaz persistencia de este léxico se vería finalmente desbordada por la ya indetenible irrupción de las maneras italianizante, primero, y del academicismo francés, enseguida. La primera de estas incorporaciones resultó menos traumática ya que, al menos en el Río de la Plata, produjo una fusión en la que algunos de los antiguos signos prevalecieron, si bien transformándose. Tales son los casos del caserón de Rosas, en Palermo de San Benito, en Buenos Aires, y del Palacio San José, en Concepción del Uruguay, en los que puede observarse la armoniosa convivencia de la arquitectura pretérita con los nuevos aires del clasicismo a la italiana. Este fértil maridaje dará origen, poco después, a una de las tipologías más felices y significativas de la región, la «casa-chorizo» [1], que otorgaría identidad urbana a ciudades como Buenos Aires, Rosario y Montevideo, y que sería reconocida por Le Corbusier, en su viaje de 1929, como el aporte más original y valioso del ámbito rioplatense a la arquitectura universal.

# *Introduction*

## *Brief history of the American house*

*The Latin-American house represents, perhaps even more than that of any other western civilization, the most perfect paradigm of that theme. It contains all the spatial memory of the Mediterranean –Roman, Arab, Andalusian– and also in a sense that of the great pre-Columbian cultures, and such a heritage cannot be borne without imparting to the object that displays it a mythic signification that will ultimately make it a fetish of its kind.*

*A house of singularly pure forms, of a geometry in which the ideal tends to give way before the materiality that sustains it. A house with a heart that is invisible yet intuited –the courtyard– whose lineage vanishes from sight in the obscurity of the past. A house closed in on itself, around the indecipherable secret of human life, where what is interior is protected like some ancient mystery.*

*Metaphysical in Mexico, gaily bright in the Caribbean, stony in the backbone of the Andes, austere in Chile, unadorned on the Río de la Plata, extrovert in Brazil, its image allows all the transformations dictated by differences in geography and customs, while nevertheless maintaining an essential identity that refers it to the whole of the continent and its peoples. Certain invariables, certain materials, certain colours, give this rich diversity of models an unmistakable air of family relationship that make it recognizably intrinsic to the region.*

*Thus it was the Spanish-American house of the colonial period that laid the bases of a common vocabulary which has come to characterize the typology from California to the extreme south of America: emphatic cubic geometries, courtyards and galleries, thick whitewashed walls, Spanish-style tiled roofs, floors of brick or coloured tiles, wooden balconies and shutters, iron grilles and railings. To these, the Portuguese-Brazilian tradition added the exuberant luxury of glazed decorative tiles.*

*The political changes that followed the end of Colonial rule, and the coming of independence and of the republican era left no profound imprint on domestic architecture. This, since the final years of the 18th century, had progressively abandoned the lavish language of baroque for the strict moulds of neo-classicism, although again this change was reflected in official architectonic expression earlier than in private architecture.*

*By the middle of the 19th century, the tenacious persistence of this language had been finally overtaken by the now unstoppable influx first of Italianate manners and then of French academicism. The incorporation of the former proved less traumatic in that, in Rio de Janeiro al least, it produced a fusion in which some of the earlier elements survived, albeit in new forms. This is apparent in the case of the Rosas house in Palermo de San Benito, in Buenos Aires, and in the Palacio San José, in Concepción, Uruguay, in which we can see the harmonious coexistence of the older architecture with the new Italianate style of classicism. This fertile marriage was shortly to give rise to one of the region's happiest and most significant typologies, the «casa-chorizo» [1], which gave cities such as Buenos Aires, Rosario and Montevideo their urban identity, and was recognized by Le Corbusier, on his 1929 visit, as the River Plate region's most orginal and valuable contribution to*

El Museo de Arte Hispanoamericano «Isaac Fernández Blanco», Suipacha 1422, Buenos Aires, Martín Noel (1922)

*The "Isaac Fernández Blanco" Museum of Latin American Art, Suipacha 1422, Buenos Aires, Martín Noel (1922)*

La casa de Diego Rivera en San Ángel, México, obra de Juan O'Gorman (1929)

*The Diego Rivera house in San Angel, Mexico, by Juan O'Gorman (1929)*

Casa que Alejandro Bustillo proyectó para la escritora Victoria Ocampo en el Barrio Parque de Buenos Aires (1929)

*The house designed by Alejandro Bustillo for the writer Victoria Ocampo in the Barrio Parque district of Buenos Aires (1929)*

Casa moderna en Pacaembú, São Paulo, obra de Gregori Warchavchik (1927)

*Modern house in Pacaembú, São Paulo, by Gregori Warchavchik (1927)*

El academicismo francés, en cambio, impondrá sus propios y excluyentes moldes. El *hôtel particulier* señalará las preferencias de la clase dirigente centro y sudamericana, y su implantación como objeto aislado entre jardines vendrá a suplantar la antigua continuidad del tejido urbano colonial. Todas las grandes ciudades tendrán su avenida al nuevo estilo, más o menos a imagen y semejanza de la parisiense Avenue du Bois: en México será el Paseo de la Reforma; en La Habana, el Paseo del Prado; en São Paulo, la Avenida Paulista, en Santiago de Chile, la Alameda; en Buenos Aires, la Avenida Alvear.

La corriente neocolonial reaccionará, entre 1915 y 1930, contra esta hegemonía estilística europea. Los textos, de espíritu y reivindicación americanistas, del mexicano José Vasconcelos, del peruano José Carlos Mariátegui y del argentino Ricardo Rojas dotarán al movimiento de estructura ideológica y alcance continental. En la Argentina descollará la figura de Martín Noel quien, utilizando un lenguaje de eficaz eclecticismo hispanoamericano, estampará en un grupo de grandes casas señoriales todo el desafío de la nueva propuesta[2]. Noel –junto con su colega y rival Mario Buschiazzo– será también uno de los primeros historiadores rigurosos del arte y de la arquitectura americanos. Es de destacar, como curiosidad, que entre los cultores del estilo Neocolonial figuran dos arquitectos que más tarde se contarían entre los mayores maestros modernos de Iberoamérica –Luis Barragán y Lucio Costa–, quienes realizarían sus primeras obras dentro de los lineamientos de la corriente[3].

Poco después hará su aparición la arquitectura de la Modernidad, precedida por la avanzada explorativa del Art Decó. La década del 30 estará signada más bien por la vertiente alemana, pero

*the field of architecture. French classical architecture, on the other hand, imposed a series of exclusive moulds of its own. The* hôtel particulier *clearly reflected the preferences of the ruling class in Central and South America, and its implantation as a free-standing element flanked by gardens marked a break with the old continuity of the colonial urban fabric. All the major cities thus constructed for themselves an avenue in the new style, a more or less exact replica of the Avenue du Bois in Paris: the Avenida Paulista in São Paulo, the Alameda in Santiago de Chile; the Avenida Alvear in Buenos Aires.*

*This led, between 1915 and 1930, to a reaction against the European stylistic dominance by supporters of the neo-colonial current. Texts declaring and defending the American spirit by the Mexican José Vasconcelos, the Peruvian José Carlos Mariátegui and the Argentinian Ricardo Rojas provided the movement with an ideological structure and a continent-wide scope. In Argentina, the figure of Martín Noel was outstanding: employing a language of effective Spanish-American eclecticism, he expressed all the defiant stance of the new movement in a series of stately houses[2]. Noel –together with his colleague and rival Mario Buschiazzo– was also to become one of the first serious historians of American art and architecture. It is interesting to note that the cultivators of the Neo-colonial style included two of the figures who are now considered amongst the great masters of modern Latin Amercan architecture: the early work of both Luis Barragán and Lucio Costa followed the guiding principles of that Neo-colonial current[3].*

*A little later, Modern architecture made its appearance, preceded by the advance guard of Art Deco. The major influence in the 1930s was Germany, but from the 1940s on it was Le Corbusier*

desde los años 40 en adelante prevalecerá la influencia corbusierana. La producción racionalista latinoamericana se desarrollará casi contemporáneamente con la europea, y por lo general será de primer orden. En 1925, Alejandro Virasoro terminaba su residencia en Buenos Aires, de magnífico ropaje Decó, al mismo tiempo que la Exposición de Artes Decorativas de París difundía internacionalmente los efímeros esplendores de este modelo. Casi enseguida de tal preámbulo –en fecha tan temprana como la que lleva de 1927 a 1929–, se construirían tres casas paradigmáticas dentro de la recién estrenada estética moderna: la de Diego Rivera y Frida Kahlo en San Ángel, México, obra de Juan O'Gorman; la que levantara Gregori Warchavchik en Pacaembú, São Paulo, y la que Alejandro Bustillo proyectara a regañadientes –pero con soltura de gran arquitecto– para Victoria Ocampo, en el Barrio Parque de Buenos Aires. México, Brasil y la Argentina lideraban así la presentación en sociedad del nuevo estilo, y lo hacían con obras que bien podían considerarse entre las más significativas de su género y de su tiempo (especialmente en el caso de O'Gorman).

El segundo momento moderno daría como fruto otro puñado de casas igualmente notables. En la Argentina sobresalen la residencia que Amancio Williams realizara para su padre en Mar del Plata (1943-1945), una casa de Wladimiro Acosta en el barrio porteño de Villa del Parque (1939) y el grupo de viviendas en Martínez de los arquitectos Antonio Bonet, Valerio Peluffo y Jorge Vivanco (1942-1944); en Uruguay es digna de mención la casa Berlingieri, en Punta Ballena, también obra de Bonet (1947), así como la que Mario Payssé Reyes hiciera en Carrasco, Montevideo (1954); en Brasil destaca la vivienda de João Vilanova Artigas, en São Paulo (1949); en México la casa de Enrique Yáñez en El Pedregal (1957-1959); en Colombia la residencia de Guillermo Bermúdez, en Bogotá (1953-1958).

Todas ellas habían sido precedidas por un proyecto iluminador de Le Corbusier –la casa Errázuriz en el balneario de Zapallar, Chile (1930)–, que para algunos señala un sesgo de intención regionalista que, lamentablemente, no pudo ser concretado. En cambio sí lo fue la vivienda que le encargara el eminente médico argentino Curutchet, en la ciudad de La Plata (1948-1951), que constituye la única obra directa del maestro construida en Sudamérica. Destaca también, entre los encargos a célebres arquitectos extrarregionales, el que se efectuara hacia 1950 a Richard Neutra para una gran residencia en La Habana, hoy sede de la embajada suiza en la capital cubana.

Párrafo aparte merecen la casa-estudio de Luis Barragán en Tacubaya, México (1947); la casa de Oscar Niemeyer en Canoas, Rio de Janeiro (1953), o la de Carlos Raúl Villanueva en Caracas (1951). La confluencia entre el purismo riguroso de la Modernidad y el silencioso ascetismo de la arquitectura de inspiración popular iluminará la obra deslumbrante del gran artista mexicano; en cuanto a Niemeyer y Villanueva, el fuerte acento local desarrollado en su poética arquitectónica vendrá a proclamar un espacio de audaz independencia regional dentro del panorama internacional moderno, pero este aspecto pasará desapercibido para la crítica y la historiografía de aquellos años. En un caso y en otro, habrá que esperar a que valoraciones más autónomas respecto de los parámetros críticos centrales vengan a otorgar nuevas perspectivas a una vertiente creativa de belleza y originalidad arrolladoras[4].

Similar suerte correría durante mucho tiempo la vasta producción de Eduardo Sacriste, uno de los más grandes –si no el mayor– de los cultores argentinos de la Modernidad. Su obra, en la que descuellan hitos tan destacables como la casa Torres Posse, en Tafí del Valle (1956-1958), o la casa García Bernasconi en San

*who prevailed. Rationalism evolved in Latin America virtually in parallel with developments in Europe, and was for the most part of the highest calibre. Thus, in 1925, Alejandro Virasoro was completing his residence in Buenos Aires, with its magnificent Deco finishing, at the same time as the Exposition des Arts Décoratives in Paris was disseminating the transient splendours of the style around the world. This first step was followed almost at once –as early as the years 1927 to 1929– by the construction of three houses that were paradigms of the newly emergent modern aesthetic: the house for Diego Rivera and Frida Kahlo in San Angel, Mexico, by Juan O'Gorman; the house by Gregori Warchavchik in Pacaembú, São Paulo, and the house that Alejandro Bustillo designed –reluctantly, but with the fluency of a great architect– for Victoria Ocampo in the Barrio Parque district of Buenos Aires. Mexico, Brazil and Argentina were thus in the forefront in presenting the new style, and did so with works that may well be considered among the most important of the genre and the time (especially in the case of Juan O'Gorman).*

*The second phase of the modern movement bore fruit in another handful of equally noteworthy houses. In Argentina there was the outstanding residence constructed by Amancio Williams for his father in Mar del Plata (1943-1945), a house by Wladimiro Acosta in the Villa del Parque district of Buenos Aires (1939), and the group of residences in Martínez by the architects Antonio Bonet, Valerio Peluffo and Jorge Vivanco (1942-1944); in Uruguay the Berlingieri house –also by Bonet (1947)– deserves mention, as does the house by Mario Payssé Reyes in Carrasco, Montevideo (1954); in Brazil, the residence built by João Vilanova Artigas in São Paulo (1949) is remarkable; in Mexico, the house by Enrique Yáñez in El Pedregal (1957-1959), and in Colombia, Guillermo Bermúdez's house in Bogotá (1953-1958).*

*All of the above had been preceded by a most illuminating project by Le Corbusier –for the Errázuriz house in the resort of Zapallar, Chile, (1930)– which marked for some a turn in the direction of regionalism, and which, lamentably, was never built. On the other hand, he did complete the house commisisioned by the eminent Argentinian doctor Curutchet in the city of La Plata (1948-1951), the only direct work by the master to be constructed in South America. Another outstanding construction by a celebrated architect from outside the region is the large house in Havana commissioned from Richard Neutra in the 1950s, and now the Swiss embassy in the Cuban capital.*

*Special mention should be made of the house-cum-studio by Luis Barragán in Tacubaya, Mexico (1947), the house by Oscar Niemeyer in Canoas, Rio de Janeiro (1953), and the one by Carlos Raúl Villanueva in Caracas (1951). The coming together of the rigorous purism of the Modern Movement and the quiet asceticism of popularly inspired architecture inform the brilliant work of the great Mexican master, while, in Niemeyer and Villanueva, the strong local accent developed in their architectonic poetics effectively claimed a space for a daring regional independence within the modern international panorama, although this was passed over by critics and historians of architecture at the time. All three had to wait for more autonomous evaluation of the central critical parameters to open up new perspectives on a creative approach of tremendous beauty and originality[4].*

*A similar fate was suffered, over many years, by the vast body of work produced by Eduardo Sacriste, one of the greatest –if not the greatest– of the Argentinian proponents of the modern. With milestones such as the Torres Posse house in Tafí del Valle (1956-1958) or the García Bernasconi house in San Javier (1964-1966), his work perfectly illustrates the intelligent adaptation of the ratio-*

Vista interior de la casa Errázuriz, en Zapallar, Chile, proyecto de Le Corbusier (1930)

*Interior view of the Errázuriz house in Zapallar, Chile, project by le Corbusier (1930)*

La casa García Bernasconi, de Eduardo Sacriste, San Javier, Tucumán, Argentina (1964-1966)

*The García Bernasconi house by Eduardo Sacriste, San Javier, Tucumán, Argentina (1964-1966)*

La casa-estudio de Luis Barragán en Tacubaya, México (1947)

*Luis Barragan's studio-house in Tacubaya, Mexico (1947)*

La casa en El Talar de Pacheco, Buenos Aires, de Eduardo Ellis

*The house in El Talar de Pacheco, Buenos Aires, by Eduardo Ellis*

Javier (1964-1966), ilustra cabalmente la sabia adaptación de la estética racionalista a los imperativos del clima, del paisaje y de las tradiciones culturales del Noroeste, región donde Sacriste realizó su trabajo más trascendente y fue motor de la ya mítica experiencia de enseñanza de la Escuela de Tucumán[5].

La corriente conocida como «casablanquista» (de «14 Casas Blancas», título de una exposición realizada en el Museo de Arte Moderno de Buenos Aires que le dio origen, en 1964) también propuso una síntesis innovadora entre Modernidad y tradición, buscando sus modelos en la ascética arquitectura colonial del Norte argentino y en la poética corbusierana mediterránea. La bofetada que significaba tal opción para la ciega ortodoxia internacionalista que el país cultivaba en la época, condenó a los impulsores de esta vertiente criolla a un ostracismo cultural sin atenuantes que se prolongaría a lo largo de casi dos décadas. Sólo entonces nombres como los de Claudio Caveri, Eduardo Ellis, Miguel Asencio, Juan Molinos o Rafael Iglesia, pudieron ser rescatados por una nueva interpretación crítica que valoró sus aportes en todo el alcance de su originalidad conceptual y formal[6].

Los años que van de 1960 a 1980 fueron básicamente nefastos para la arquitectura del continente. Años de afiebrado desarrollismo –producto, en buena parte, del *boom* petrolero–, de especulación salvaje, de derroche, de irresponsable importación de formas y tecnologías. Época de centros históricos arrasados y de metrópolis en crecimiento caótico, destripándose hacia periferias de una miseria escalofriante. La memoria espacial y constructiva de la ciudad y de la casa iberoamericana era sepultada en nombre del *International Style*, de la arquitectura de sistemas, de la diarrea posmodernista con que eramos bombardeados desde las usinas emisoras centrales. Toda una generación de cobayos au-

*nalist aesthetic to the firm imperatives of the climate, landscape and cultural traditions of the north-west of Argentina, the region in which Sacriste carried out his finest work, and where he was the motor force behind the now mythical architectural teaching of the Tucumán School[5].*

*The current known as «casablanquista» (so called after the exhibition with the title «14 White Houses» in the Museo de Arte Moderno in Buenos Aires in 1964) also proposed an innovative synthesis of modernitiy and tradition, looking for its models to the ascetic colonial architecture of northern Argentina and Le Corbusier's Mediterranean poetics. The slap in the face this approach represented for the blindly orthodox internationalism being cultivated in Argentina at the time condemned the proponents of this indigenously American style to an unmitigated cultural ostracism that lasted almost twenty years. Only then were figures such as Claudio Caveri, Eduardo Ellis, Miguel Asencio, Juan Molinos and Rafael Iglesia resurrected by a new critical appraisal ready to recognize the conceptual and formal originality of the contributions they had made[6].*

*The period from the 1960s to the 1980s was essentially inauspicious for the architecture of the South-American continent. Years of feverish development –the product, in large part, of the petrol boom–, savage speculation and waste; of an irresponsible importing of forms and technologies. A time marked by the demolition of historic centres and the chaotic growth of the metropolis, sprawling out into peripheral slums of the most appalling misery. The spatial and constructive memory of the Latin American house and city was buried in the name of the International Style, of systems architecture and the postmodern diarrhoea that deluged us from its centres of fabrication and emission. A whole generation of indige-*

tóctonos se prestó voluntariamente a ser descerebrada en este ejercicio de mutación continua y, como tan magistralmente nos ilustra el proverbio bíblico, por sus frutos de pesadilla los hemos conocido.

Sin embargo, no faltaba la buena semilla: ahí seguía Barragán, en México, edificando sueños como la casa Gilardi; o Salmona, en Colombia, estableciendo el puente entre el pasado admirable y el presente posible con su magnífica Casa de Huéspedes en Cartagena de Indias; o Dieste, en Uruguay, amasando como pan fresco los muros y las bóvedas de la casa que se presenta en este libro. Además de las singulares experiencias del chileno Fernando Castillo y del venezolano Fruto Vivas quienes, cada cual a su manera, reexaminarían la temática de la vivienda unifamiliar dotándola de intencionalidad regionalista y de un aliento social altamente meritorios.

Mientras tanto, los corifeos nativos antes aludidos se cretinizaban entusiastamente ante cualquier *show* de dudosa calidad montado por los oráculos extranjeros (la banalidad irredimible de un Michael Graves o de un Ricardo Bofill –por citar dos ejemplos clarificadores– gozaban por entonces de general admiración). Esas formas efímeras casi ni merecedoras de una maqueta, esas ideas volátiles cuyo nivel intelectual no superaba el de un comentario de *cocktail party* eran antepuestas por muchos a la arquitectura y a los pensamientos reales de nuestros más grandes creadores. ¿Tragedia colonial? Ni eso siquiera. Apenas ópera bufa.

Piénsese, por lo demás, que estamos analizando aquí la infinitesimal porción de la arquitectura culta, y de ella sólo el tema de la vivienda y, aun dentro del mismo, apenas el tipo de la casa unifamiliar que, dadas las anteriores categorías, no alcanza a ser otra cosa que la habitación de los privilegiados. Pero ése es el frágil territorio que le está reservado a la práctica, a la crítica y a la enseñanza oficiales de la arquitectura y, pese a su irrelevancia, es nuestro deber dar testimonio de tal realidad y contribuir, en la limitada medida de nuestras fuerzas, a su mejoramiento.

Claro que, desde hace ya una década, algo de ello viene advirtiéndose en nuestra América. Mientras las modas arquitectónicas internacionales se suceden a una velocidad supersónica, la buena arquitectura regional comienza a ser mirada con creciente interés, incluso con respeto, si no todavía con admiración. No está lejano el día en que nuestra disciplina ocupe el mismo espacio notorio ya alcanzado por la música, la literatura y, últimamente, también por la plástica del continente (este mismo libro señala en dicha dirección).

Por ahora, un creciente grupo de arquitectos iberoamericanos define con su obra –algunos desde hace muchos, otros desde hace menos años– un perfil que ya puede ser avizorado como propio del lugar y de su historia cultural. Este espíritu del lugar y de la época –por decirlo con las precisas palabras de Enrique Browne–, este sesgo singularmente propio, esta espacialidad de raigambre americana asoman, bajo diversos aspectos y con variada intensidad, en las obras aquí seleccionadas para representar a la región. Y aunque unas cuantas casas no pueden ni pretenden ofrecer una visión exhaustiva del asunto, sí, al menos, intentan transmitir la esencia de esa multifacética unidad que ostenta la vivienda de la gente de estas tierras.

En todas las casas aquí seleccionadas palpita, de un modo u otro, el inmenso esplendor del escenario americano. Desde la infinitud horizontal del Plata y de la pampa, en el sur, hasta la metafísica altiplanicie mexicana, en el norte; desde el silencio mineral de los Andes, en el oeste, al rumor acechante de la selva brasileña, en el este. Por fin, todas ellas se incriben en la gran tradición cul-

*nous guinea pigs voluntarily allowed themselves to be lobotomized in this exercise of continuous mutilation and, as the biblical warning so majestically proclaims, by their nightmarish works we have known them.*

*Nevertheless, there was good seed, as well: Barragán was still active, in Mexico, building dreams such as the Gilardi house; Salmona, too, in Colombia, was constructing a bridge between the admirable past and the possibilities of the present with his magnificent residence for distinguished guests in Cartagena de Indias; and Dieste, in Uruguay, kneading like fresh bread the walls and vaulted roofs of the house included here. There were also the unique experiments of the Chilean Fernando Castillo and the Venezuelan Fruto Vivas who, each in his own way, re-examined the theme of the private house, investing it with laudable regionalist intention and social character.*

*However, the coterie of native pimps was happier swooning over the spectacles of the most dubious quality staged by foreign oracles (the irredeemable banality of a Michael Graves or a Ricardo Bofill –to cite a coupe of illustrative examples– enjoyed virtually universal admiration at the time). Those ephemeral forms, barely worthy of a model; those volatile ideas that could hardly withstand the test of cocktail-party comment, were preferred by many to the architecture and the thinking of our own greatest talents. A colonial tragedy? Not even that. At best, comic opera.*

*We should not forget, however, that we are analysing here an infinitesimal portion of high architectural culture, and of that only the type of the private house, and even within that subdivision, no more than a selection of private houses which, in view of the categories noted above, can hardly be anything other than the dwellings of the privileged few. But this is the fragile territory marked off for the official practice, criticism and teaching of architecture, and in spite of its irrelevance it is our duty to bear witness to that reality and to contribute, to the limited extent of our abilities, to improving these.*

*And of course, for more than ten years now, some of this has been taking place in our America. While international architectonic fashions replace one another at supersonic speed, the good architecture of the region is coming to be looked at with increasing interest, even respect, if not yet with admiration. The day is not far off when our discipline will attain a renown equal to that already achieved by the music, literature and, more recently, by the visual arts of our continent as well (this book is itself a pointer in that direction).*

*Meanwhile, an ever-increasing number of Latin-American architects have set about defining in their work some over a number of years now; others more recently– an approach that may be considered properly intrinsic to the place and its cultural history. This spirit of the place and the time, to quote the words of Enrique Browne, this specifically regional attitude, this inherently American spatial sense, can be seen –in various guises and in varying degrees of intensity– in the works selected for inclusion here. And although a few houses neither can nor can claim to offer an exhaustive picture of the field, they can at least attempt to transmit something of the essence of that multifaceted unity manifested by the dwellings of the people of these lands.*

*In all of the houses selected here, there pulses, in one form or another, the immense splendour of the American scene. From the infinite horizons of the Plate and the pampas in the south to the metaphysical quality of the high plains of Mexico in the north; from the mineral silence of the Andes in the west, to the teeming hubbub of the Brazilian forest in the east. Ultimately, they all take their place in the great cultural tradition of the south, or rather, of that*

tural del sur o, mejor dicho, de los diversos sures que en ellas concurren y que sintetizan: el sur mediterráneo, el sur de la antigua California, el sur de América; en resumen, el sur del mundo. Ese Sur del que un brillante uruguayo, el pintor Joaquín Torres García, proclamara como desafiante manifiesto: «Por eso ahora ponemos el mapa al revés, y entonces ya tenemos justa idea de nuestra posición, y no como quieren en el resto del mundo (...). Nuestro norte es el Sur. No debe de haber norte, para nosotros, sino por oposición a nuestro Sur».

Alberto Petrina

*diverse plurality of souths that comes together in synthesis in them; the Mediterranean south, the south of old California, the south of America; in short, the south of the world. That South which a brilliant Uruguyan, the painter Joaquín Torres García, proclaimed in his defiant manifesto: «So that we now turn the map upside down, and thus obtain a true idea of our position, and not as the rest of the world likes to view it (...). Our north is the South. There should be no north, for us, except in contrast to our South».*

*Alberto Petrina*

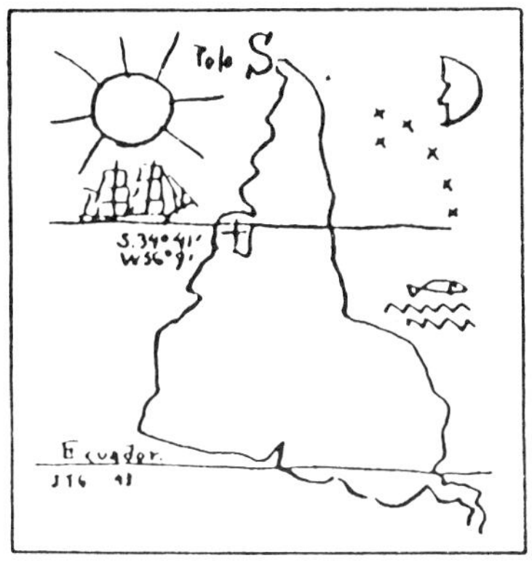

**Notas**

1. El origen tipológico de la «casa-chorizo» se remonta a la división por el eje central de la antigua casa colonial de dos o tres patios sucesivos rodeados por habitaciones.

2. Entre ellas merecen destacarse la espléndida residencia del escritor Enrique Larreta, en el barrio porteño de Belgrano (1916), hoy Museo de Arte Español «Enrique Larreta» y, para el mismo cliente, la casa de la estancia «El Acelain», en Tandil (1922). En este mismo año construye la casa palaciega que compartirá con su hermano Carlos, en Suipacha 1422, Buenos Aires, hoy Museo de Arte Hispanoamericano «Isaac Fernández Blanco». Cierra el ciclo de las grandes casas de su autoría la sede de la Embajada de la Argentina en Lima, Perú (1927). Ver Margarita Gutman, «Noel: ese desconocido», *Anales del Instituto de Arte Americano e Investigaciones Estéticas «Mario Buschiazzo»* nº 25, Facultad de Arquitectura y Urbanismo, Universidad de Buenos Aires, Buenos Aires, 1987.

3. En el comienzo de su carrera, Lucio Costa se interesa profundamente en la arquitectura del período de dominación portuguesa, teorizando sobre su inherente carácter nacional en compañía del líder del movimiento neocolonial brasileño, José Mariano Filho. Consecuentemente, sus primeras casas –como la de Raúl Pedrosa (1924)– reflejan los principios estéticos de esta corriente (ver Alberto Petrina, «Uma inspiração latino-americana», *au* nº 38, São Paulo, octubre/noviembre 1991, número monográfico dedicado a su obra). Luis Barragán transita por parecidos caminos. Casi todas sus casas del período de Guadalajara refieren a la tradición hispanocriolla de las haciendas rurales mexicanas pero, en su caso, resulta innegable también la influencia de la arquitectura popular andaluza y marroquí (casas González Luna, 1928; Cristo, 1929; Avenida de la Paz, 1927-1933).

4. Luis Barragán debió esperar a la gran exposición que sobre su obra realizara el Museo de Arte Moderno de Nueva York para ver «colocado» su nombre en el escenario arquitectónico internacional. La aguda visión crítica del argentino Emilio Ambasz sirvió notablemente a tal propósito mediante la organización de dicha muestra y del importante catálogo que la acompañaba.

5. Entre 1946 y 1951 la Escuela de Arquitectura de Tucumán reunió a un grupo de brillantes arquitectos argentinos e italianos enrolados en los principios de la Modernidad; entre los primeros figuraban Eduardo Sacriste, Horacio Caminos, Eduardo Catalano y Jorge Vivanco; entre los segundos, Cino Calcaprina, Luigi Piccinato, Ernesto Rogers y Enrico Tedeschi.

6. Ver Alberto Petrina, «Las Casas Blancas: el tiempo reencontrado», *Summa* nº 231, Buenos Aires, noviembre 1986. Del mismo autor y sobre el mismo tema, «A la conquista de una arquitectura propia» y «Reportaje a Claudio Caveri. Por una arquitectura de identidad nacional y americana», en *Otra arquitectura argentina. Un camino alternativo,* Colección *SomoSur,* Escala, Bogotá, 1989.

***Notes***

*1. The typological origin of the «casa-chorizo» derives from the division along the central axis of the old colonial house with a series of two or three courtyards surrounded by rooms*

*2. Of particula note amongst these is the splendid town house for the writer Enrique Larreta in the Buenos Aires district of Belgrano (1916), today the «Enrique Larreta» Museum of Spanish Art, together with a country house for the same client, «El Acelain», in Tandil (1922). That same year Noel constructed the palatial house where he lived with his brother Carlos, at Suipacha 1422, Buenos Aires, now the Isaac Fernández Blanco Museum of Latin-American Art. The last in this series of great houses by Noel is his Argentinian embassy in Lima, Peru (1927). See Margarita Gutman, «Noel, ese desconocido», Anales del Instituto de Arte Americano e Investigaciones Estéticas «Mario Buschiazzo» no. 25, Facultad de Arquitectura y Urbanismo, Universidad de Buenos Aires, Buenos Aires, 1987.*

*3. In the early years of his career Lucio Costa was profoundly interested in the architecture of the period of Portuguese colonial rule, developing his theories about its inherently national character alongside the leader of the Brazilian neo-colonial movement, José Mariano Filho. Consequently, his first houses –such as the Raúl Pedrosa house (1924)– reflect the aesthetic principles of that movement (see Alberto Petrina, «Uma inspiração latino-americana», au no. 38, São Paulo, October/November 1991, a monograph edition devoted to his work). Luis Barragán travelled along a similar path. Almost all the houses from his Guadalajara period invoke the Spanish-American tradition of the Mexican rural hacienda, but in his case there is also the indisputable influence of popular Andalusian and Moroccan architecture (the houses for González Luna, 1928; Cristo, 1929, and Avenida de la Paz, 1927-1935).*

*4. Luis Barragán had to wait for the major exhibition of his work mounted by the Museum of Modern Art in New York to see his name «placed» on the international stage. The acute critical vision of the Argentinian Emilio Ambasz played a notable part in this recognition, through his contributions to the organization of the exhibition and the major catalogue that accompanied it.*

*5. Between 1946 and 1951 the Escuela de Arquitectura in Tucumán brought together a group of brilliant Argentinian and Italian architects, steeped in the principles of modernism: among the former were Eduardo Sacriste, Horacio Caminos, Eduardo Catalano and Jorge Vivanco; the latter included Cino Calcaprina, Luigi Piccinato, Ernesto Rogers and Enrico Tedeschi.*

*6. See Alberto Petrina, «Las Casas Blancas: el tiempo reencontrado», Summa no. 231, Buenos Aires, November 1986. By the same author, and on the same theme, see «A la conquista de un arquitectura propia» and «Reportaje a Claudio Caveri. Por una arquitectura de identidad nacional y americana», in Otra arquitectura argentina. Un camino alternativo, in the series SomoSur, Escala, Bogotá, 1989.*

## Casa de verano

Clorindo Testa, arquitecto
Pinamar, Buenos Aires, Argentina, 1983-1985
260 m²

«La casa es un gran cubo, con los dormitorios en la planta baja. Esta idea surgió debido a que queríamos que desde la sala de estar se viera el mar. La azotea, en el tercer nivel, es una gran terraza que sirve para mirar el paisaje, para ver cómo está el mar, o la tormenta que viene.

Quería que la casa tuviera un color oscuro, ni blanco ni celeste (...). Los elementos de la terraza son en realidad la terminación de la casa; es como un tendido de sombra (...). El color blanco, el naranja, el amarillo, al tener como fondo el mar azul-verde o el bosque, resaltan mucho ante quien está en la terraza (...). Tengo como telón de fondo todo ese verde oscuro, los pinos, que contrastan con las varandas violetas (...). Pensé que esos colores iban a quedar bien.»

## *Holiday house*

*Clorindo Testa, architect*
*Pinamar, Buenos Aires, Argentina, 1983-1985*
*260 m²*

*"The house is a large cube, with the bedrooms on the ground floor. This idea was prompted by the fact that we wanted the living room to have a view of the sea. The flat roof, on the third floor, is a large terrace. We use it to look at the landscape, to see what the sea is doing, to watch the approaching storm. Afterwards I go back inside, which is where I feel most comfortable.*

*I wanted the house to be dark in colour, no white or sky blue (...). The elements of the terrace are the conclusion of the house; it is like a rendering of shade (...). The white, the orange, the yellow, with the blue-green of the sea or the woods in the background, stand out strongly on the terrace (...); for a backdrop I have all that dark green of the pines, which contrasts with the violet verandas. I felt that these colours would go well together."*

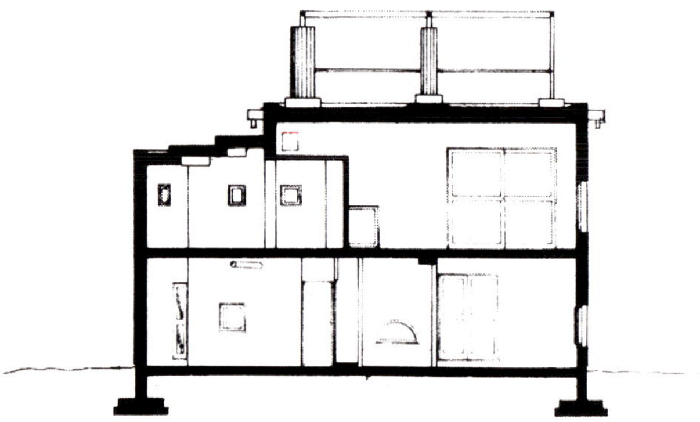

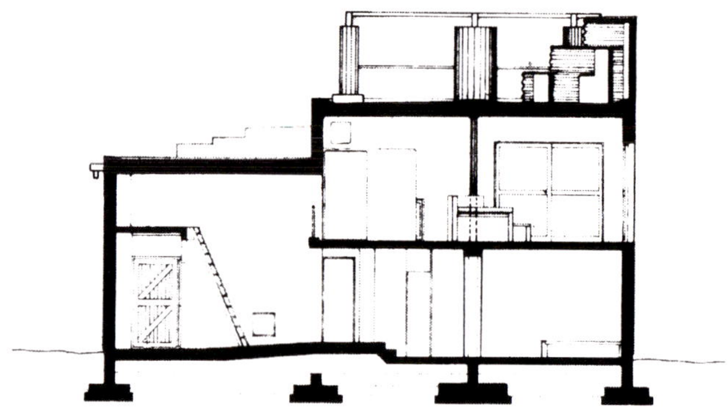

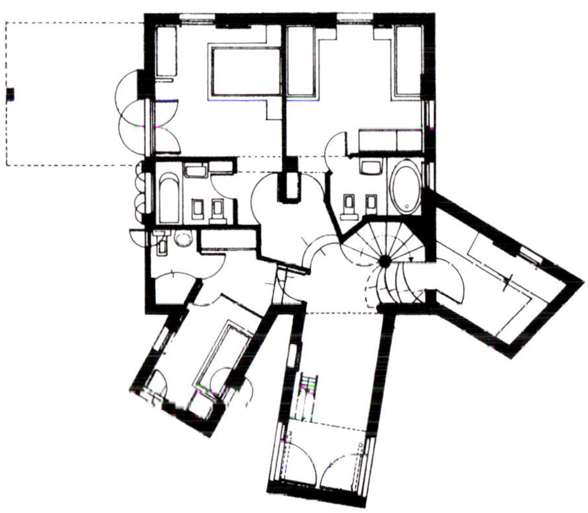

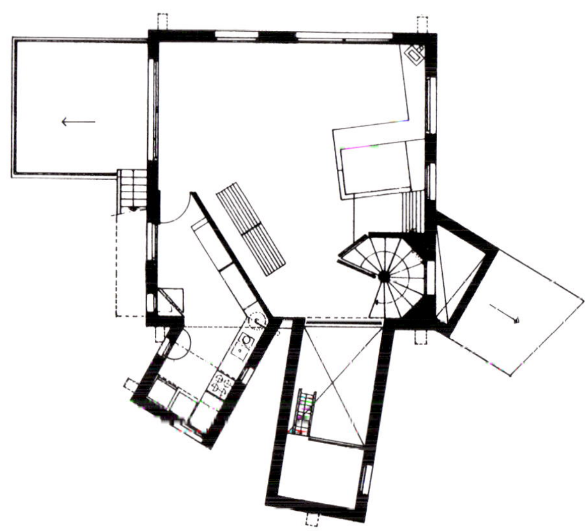

Cortes, plantas, croquis y vista del exterior

*Sections, plans, sketch and view of the exterior*

Vista de la sala de estar

*View of the living room*

Vista del balcón-mirador

*View of the balcony-belvedere*

Vistas de la terraza

*Views of the terrace*

## Vivienda-taller

Eduardo Lacroze, José Ignacio Miguens, arquitectos
Colaborador: Pablo Iglesias Molli, arquitecto
Palermo Viejo, Buenos Aires, Argentina, 1986-1988
220 m$^2$

La adecuación de una típica casa de barrio en precarias condiciones a un programa de vivienda no convencional, signado por la necesidad de generar un espacio-taller multiuso, llevó a la adopción de un desdoblamiento total de la misma. Por un lado se optó por mantener intacta la fachada existente, por otro se decidió desarrollar, intramuros, una estructura totalmente nueva cuyo único tributo a la originalidad consistiera en la reutilización de sus partes constitutivas: ladrillos, perfiles, tirantes.

El doble muro de ladrillo con sus pilares portantes ordena las instalaciones, locales de apoyo y circulaciones verticales, y articula las dos grandes áreas, protagonistas de la continuidad espacial propuesta. El frente –de ladrillo asentado en barro–, mantiene las características de origen; el contrafrente al noroeste, en cambio, es casi íntegramente un paño vidriado, que capta la radiación solar de una orientación favorable, con vistas al jardín.

El reciclaje de los elementos constructivos originales determinó en gran parte la configuración final de los 220 m$^2$ de superficie cubierta. Las dimensiones de carpinterías, ladrillos y tirantes fijaron medidas y niveles. Así, el ancho de los locales responde a la longitud de los viejos tirantes; las medidas de los pilares surgen del tamaño del antiguo ladrillo reutilizado, al igual que la altura de los entrepisos o la de los escalones.

## *House-cum-studio*

*Eduardo Lacroze, José Ignacio Miguens, architects*
*Assistant: Pablo Iglesias Molli, architect*
*Palermo Viejo, Buenos Aires, Argentina, 1986-1988*
*220 m$^2$*

*The conversion of a typical neighbourghood house in a precarious state to an unconventional residential programme, conditioned by the need to create a multi-purpose studio space led to the decision to double the area of the existing house. On the one hand, the original facade was maintained intact, on the other hand, it was decided to develop in the interior an entirely new structure whose only debt to the original was the appropriation of its constituent elements: brickwork, beams, ties.*

*The double wall in brick with its load-bearing pillars is the generating idea that organizes the project as a whole. This vertical plane of uses and services structures, the service spaces and the vertical circulation, as well as articulating the two great areas that constitute the project's spatial continuity. The facade –of brick set in mud– maintains the original vernacular; the north-west facade, in contrast, consists almost entirely of a large expanse of glass with an optimum orientation for receiving natural light and offering views over the garden.*

*The recycling of the original construction elements largely determined the final layout of the 220 m$^2$ of surface area. The dimensions of the woodwork, brickwork and ties established sizes and levels. Thus the width of the rooms corresponds to the length of the original ties; the sizes of the pillars were conditioned by the dimensions of the reused brickwork, as were the heights of ceilings and stairs.*

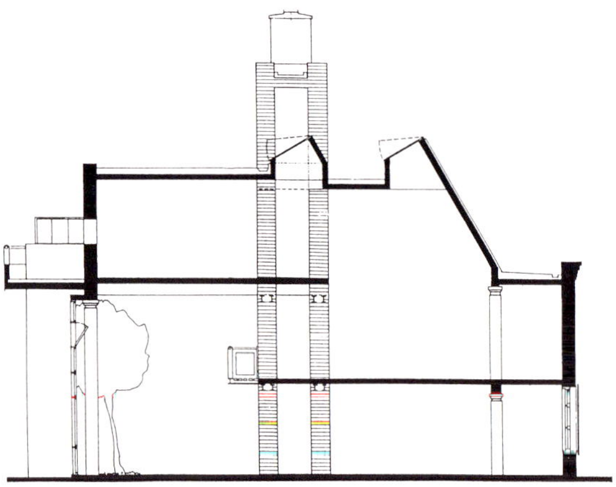

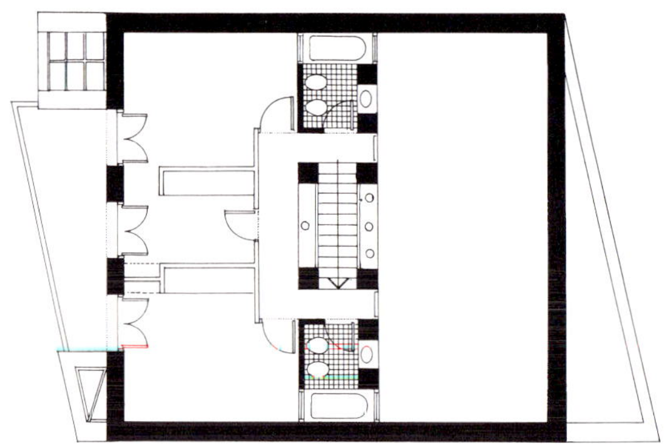

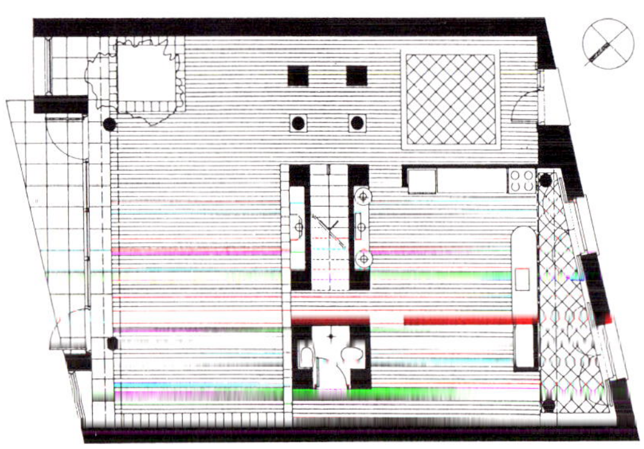

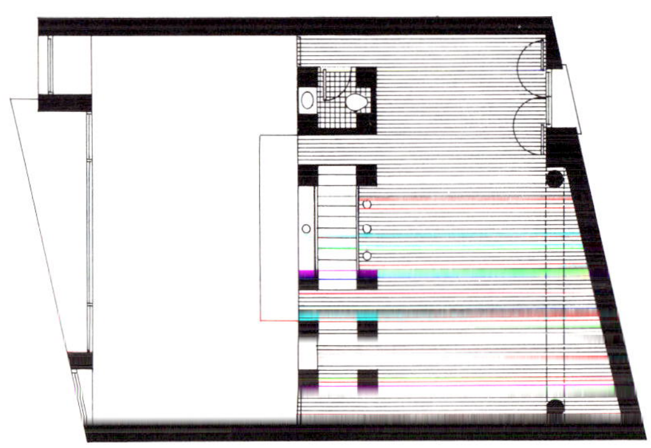

Plantas, corte transversal y vista de la fachada que da al jardín posterior

*Plans, transverse section and view of the facade overlooking the garden to the rear*

Vistas del vestíbulo de entrada, de la sala de estar-comedor y del taller multiuso

*Views of the entrance hall, the living room and the multi-use studio*

## Vivienda unifamiliar

Carlos Mariani, María Pérez Maraviglia, arquitectos
Los Troncos, Mar del Plata, Buenos Aires,
Argentina, 1985-1987
270 m²

La obra forma parte de un proceso basado en el cambio perfectible de una estructura urbana consolidada. Esta vivienda trata de valorizar lo existente en el barrio, actualizándolo, a partir del uso de los mismos materiales y proponiendo un prototipo de casa reconocido por la comunidad.

En nuestra latitud, la vivienda debe ser naturalmente bioclimática. Por ello las dos fachadas laterales, macizas, marcan su relación con el exterior a través de aberturas caladas en el muro, que expresan los espacios privados; por el contrario, al noroeste –al sol–, se planteó una fluida relación exterior-interior por medio de un gran paño vidriado que señala la clara continuidad de la sala de estar con la terraza, y que manifiesta el protagonismo de los espacios compartidos. Las áreas de servicio se disponen contra la medianera existente al sur, liberando las vistas y orientación favorables para los espacios de mayor vida.

El sentido del orden y la austeridad en el lenguaje son fundamentos de un concepto de diseño propio de la realidad del país, que requiere una arquitectura de costos controlados tanto en construcción como en mantenimiento.

## *Private house in Mar del Plata*

*Carlos Mariani and María Pérez Maraviglia, architects*
*Los Troncos, Mar del Plata, Buenos Aires,*
*Argentina, 1985-1987*
*270 m²*

*The project here forms part of a process based on the potential for improvement of an established urban structure. This house seeks to preserve the neighbourhood's existing qualities while modernizing it through the use of the same materials and the construction of a house type recognized by the commnunity.*

*In these latitudes, housing needs to be naturally bioclimatic. In consequence, the two facades, of solid masonry, mark out their relationship with the exterior by means of windows set into the wall, which express the interior spaces; at the same time, the north-west facade –facing the sun– establishes a fluid relationship between exterior and interior by means of a large glazed surface that indicates the clear continuity between living room and terrace, and emphasizes the importance of the communal spaces. The service areas are set against the party wall to the south, thus leaving the living areas with the best views and orientation.*

*The sense of order and austerity in the language here are fundamentals of a design concept that derives from the realities of the place and time, calling for an architecture capable of controlling the costs of construction and maintenance.*

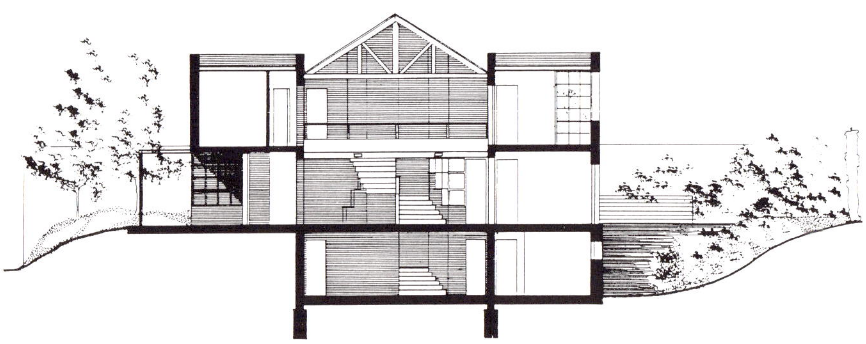

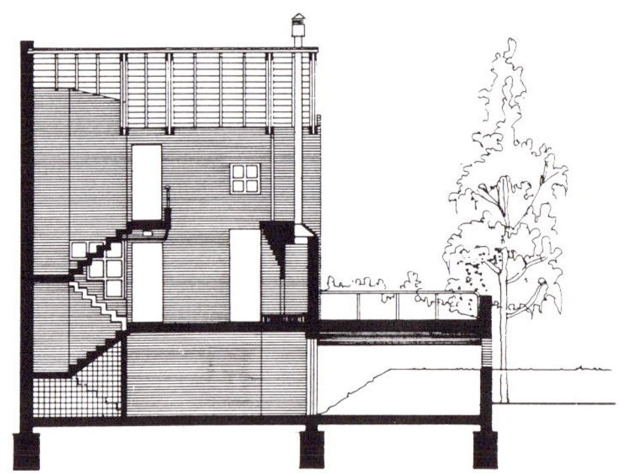

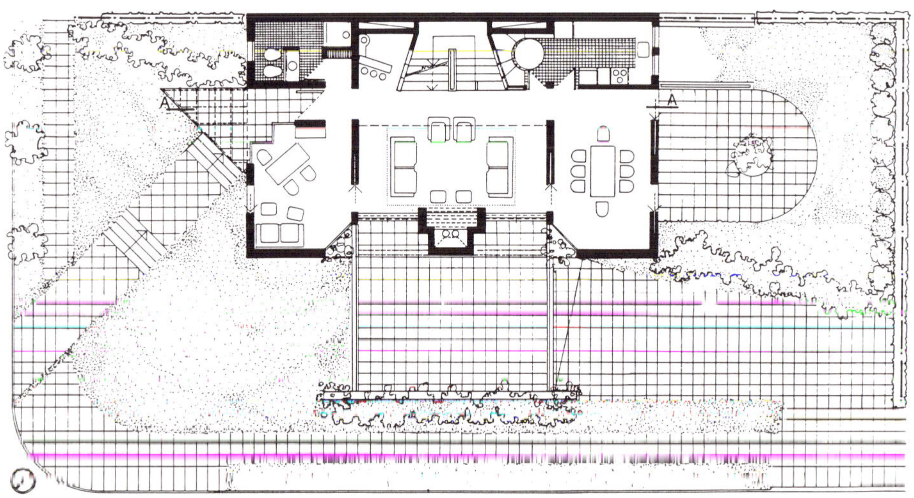

Planta baja, cortes, vista de la casa y su entorno

*Ground floor plan, sections and view of the house and its surroundings*

Vistas del frente y del acceso, detalle de la galería del piso superior y vista de la sala de estar

*Views of the main facade and the access, detail of the upper-floor gallery and view of the living room*

## Vivienda unifamiliar en Porantim do Bom Sucesso

Lucio Costa
Barreirinha, Amazonas, Brasil, 1979-1983
359 $m^2$

Se trata de la primera (y mayor) de las tres casas proyectadas por Lucio Costa para el poeta amazónico Thiago de Mello. El proyecto de la vivienda se realizó teniendo en consideración las dificultades de obtención de materiales convencionales y los costos de la construcción en esta zona del Amazonas, así como la experiencia de la mano de obra local en las técnicas constructivas tradicionales.

La casa, situada en plena selva amazónica, se halla en las afueras de la ciudad. Su fachada principal tiene una acogedora terraza (accesible por una escalera propia) construida sobre «pilotis» y orientada hacia la zona de acceso de la casa desde la calle. La parte situada bajo los «pilotis» sirve para crear una zona de contacto entre el espacio íntimo y el espacio semiprivado para recibir a las visitas. El acceso cotidiano se realiza por una escalera semiconfinada en el núcleo de la planta, que se abre de forma sorprendente hacia la sala de estar de doble altura. Las dependencias interiores están generosamente ventiladas debido principalmente a la ausencia de vidrio en la mayoría de las ventanas, que sólo están protegidas con tela mosquitera para impedir la entrada de insectos.

## *Private house in Porantim do Bom Sucesso*

*Lucio Costa*
*Barreirinha, Amazonas, Brazil, 1979-1983*
*359 $m^2$*

*This was the first (and largest) of the three houses designed by Lucio Costa for the Amazonian poet Thiago de Mello. The development of the project took into consideration the difficulty of obtaining conventional building materials and the high cost of construction in this part of the Amazon, together with the great experience of the local workforce in traditional construction techniques.*

*The house, in the middle of the Amazon rainforest, stands on the outskirts of the town. The main facade has a welcoming and comfortable terrace (reached by a separate flight of steps) raised on "pilotis" and looking onto the area giving access to the house from the street. Underneath this terrace is a space where the private part of the house meets the semi-public part, which serves to receive unfamiliar visitors. Everyday access to the house is by way of a flight of stairs partially enclosed within the core of the floor-plan, which then opens up surprisingly onto the double-height living area. The interior of the house is very well ventilated, thanks primarily to the absence of glass in most of the windows, which are simply covered with mosquito screens to keep out insects.*

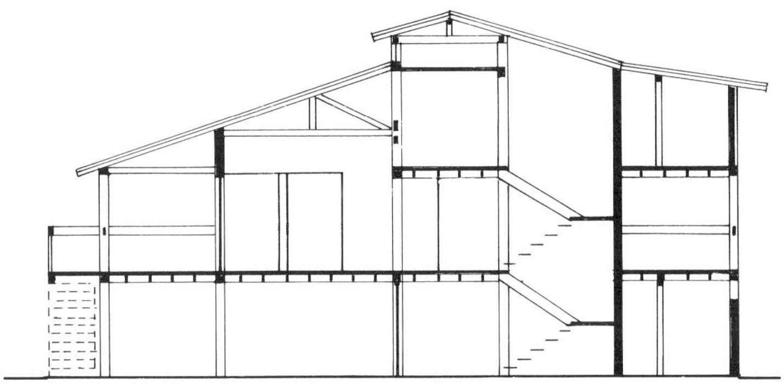

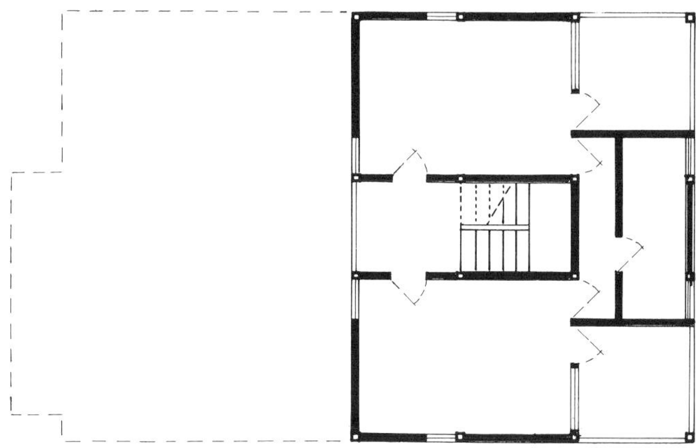

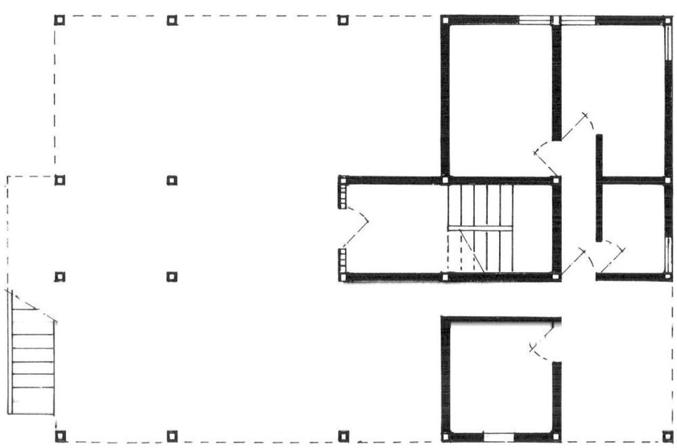

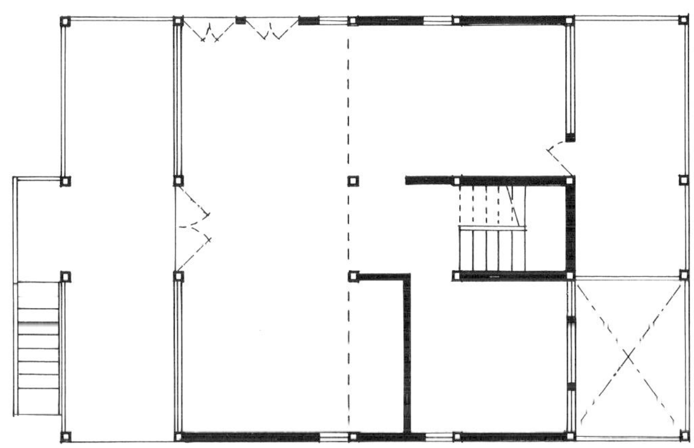

Páginas anteriores: plantas y corte longitudinal, vista de la fachada principal y vista lateral norte

*Previous pages: plans and longitudinal section, view of the main facade and view of the north side*

Vista lateral norte, fachada sur y fachada posterior

*Views of the north side, the south facade and the rear facade*

## Vivienda unifamiliar en Jardim Vitória-Régia

Marcos Acayaba, arquitecto
São Paulo, São Paulo, Brasil, 1987-1991
200 m²

El programa consistía en la construcción de una vivienda para un matrimonio con niños pequeños, en un solar urbano de tamaño superior medio y en un barrio de elevado nivel económico.

Como el terreno carecía de zonas planas, lo que habría exigido realizar unos movimientos de tierra y aterrazamientos muy significativos, se procuró intervenir lo menos posible en el terreno natural. La casa se sustenta sobre apenas cuatro puntos de apoyo, sin empotrarse en el terreno al nivel de la calle. Su estructura está hecha con madera ligada por tirantes y conectores de acero, utilizándose estos dos materiales según sus respectivas características de comportamiento estructural ante los esfuerzos, y siguiendo una modulación dimensional de 3,30 x 3,30 metros. Toda la estructura se fabricó en la industria del propietario y se montó en obra en 45 días. Las vigas y los forjados también son de madera; los cerramientos verticales están realizados con paneles de cemento de amianto con relleno de aislante térmico. Las cámaras de aire ventiladas de los forjados permiten la inclusión de aberturas de control en el piso y en la cubierta, para un mayor confort ambiental. La cubierta, construida con chapas onduladas, presenta una pendiente extremadamente suave que permite la ejecución de generosos aleros, buscando siempre la máxima protección de la madera frente a la acción de la intemperie.

## *Private house in Jardim Vitória-Régia*

*Marcos Acayaba, architect*
*São Paulo, São Paulo, Brazil, 1988-1991*
*200 m²*

*The programme consisted of the construction of a house for a family with young children, on a larger than average urban plot in a wealthy residential neighbourhood.*

*The plot was originally very uneven, requiring some fairly significant earth movement and terracing to adapt the natural topography. The solution adopted was concerned to interfere as little as possible with the natural terrain. The house essentially rests on four points of support, rather than sinking foundations below street level. The structure is of wood, with steel ties and braces for stability, employing the two materials on the basis of their respective structural behaviours, with a modular grid of 3.30 x 3.30 m. All of the structural elements were produced in the client's own factory, and construction was completed in 45 days. The beams and frame are also of wood; the vertical partitions are basically panels of asbestos cement with a thermally insulating inner layer. The ventilated air chambers in the frame made it possible to include inspection openings in the floor and roof for greater ambient comfort. The roof is constructed of curving panels and has an extremely gentle slope, allowing the creation of generous eaves to provide maximum protection for the wood against weather and climate.*

Planta principal, corte longitudinal y vista de la fachada nordeste

*Main floor plan, longitudinal section and view of the north-east facade*

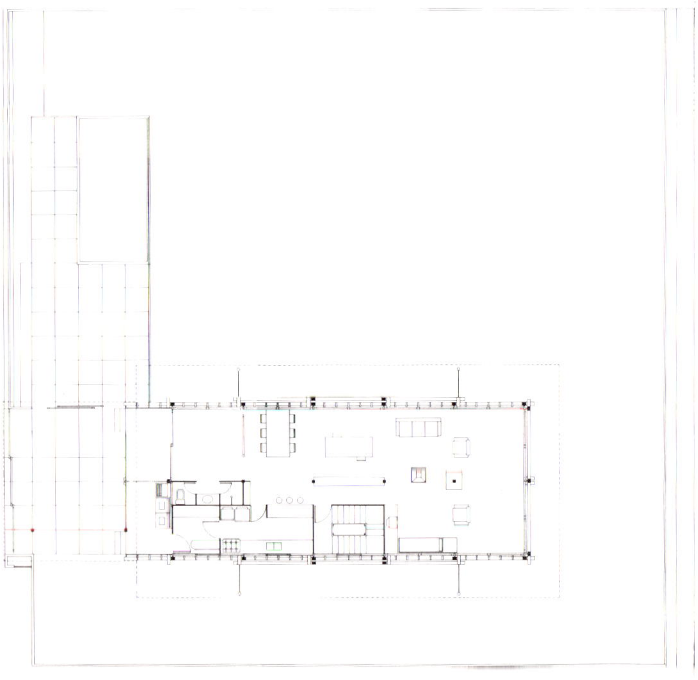

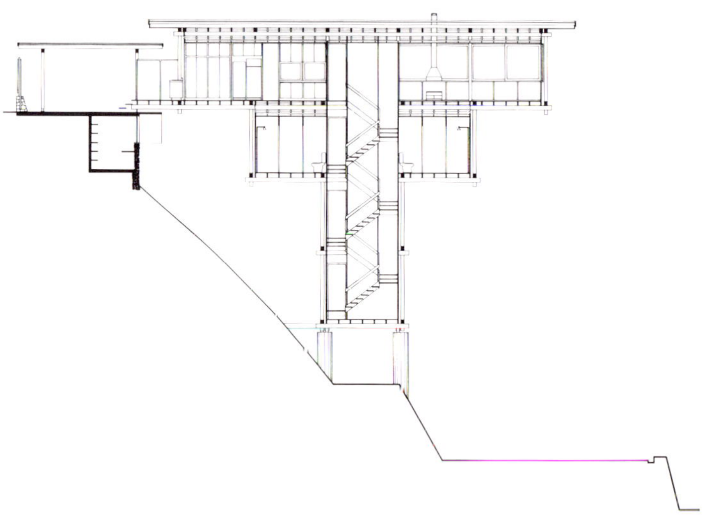

Vista de la fachada nordeste

*view of the north-east facade*

Vista de la fachada sudeste

*View of the south-east facade*

Vistas de la sala de estar, detalle de apoyo de la estructura y vista parcial de la fachada nordeste

*Views of the living room, detail of the structure and partial view of the north-east facade*

## Vivienda unifamiliar en Mosqueiro

João Castro Filho, arquitecto
Orlandina Ohashi, paisajismo
Belém, Pará, Brasil, 1990-1991
172 m²

Mosqueiro es una isla de veraneo con playas fluviales situada en las cercanías de Belém. La casa fue proyectada como vivienda permanente para parejas de profesionales liberales y profesores universitarios con niños pequeños.

El proyecto comprende una serie de dispositivos de finalidad bioclimática, ideados en función de las características ambientales de la región: clima cálido y lluvia durante buena parte del año. La cubierta fue diseñada de manera que proporcionara sombra durante las horas más calurosas del día y que protegiera las dependencias interiores de las lluvias constantes, y muy especialmente, para que no hubiera necesidad de cerrar las ventanas bloqueando la circulación del aire. Las fracturas de los diversos planos de la cubierta crean resquicios de ventilación que se asocian a las paredes «porosas»: ladrillos perforados asentados de manera que permitan la circulación constante del aire. El espacio interior es abierto, como un núcleo central vaciado en un tronco de doble altura, de forma que se garantice una renovación permanente del aire a través de las diversas aberturas.

## *Private house in Mosqueiro*

*João Castro Filho, architect*
*Orlandina Ohashi, landscape architect*
*Belém, Pará, Brazil, 1990-1991*
*172 m²*

*Mosqueiro is a resort island with beaches for river bathing, close to Belém. The house was designed as a permanent residence for professional couples, such as university lecturers, with young children.*

*The project incorporates a series of bioclimatic elements in response to the environmental characteristics of the region: a warm climate with rain during much of the year. The design of the roof was studied with care in order to provide shadow during the hottest part of the day and, especially, to protect the interior from the continual rains without it being necessary to close the windows, thus interrupting the circulation of air. The breaks between the various different planes of the roof leave gaps for ventilation, as do the "porous" walls, of perforated brick laid in such a way as to allow a constant flow of air through them. The interior space is open, like a hollow central core in a double-height trunk, thus ensuring the continuous renewal of the air through the various openings which permanently ventilate the house.*

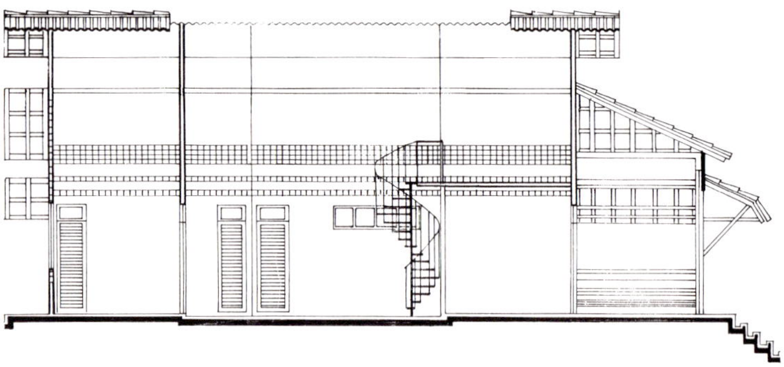

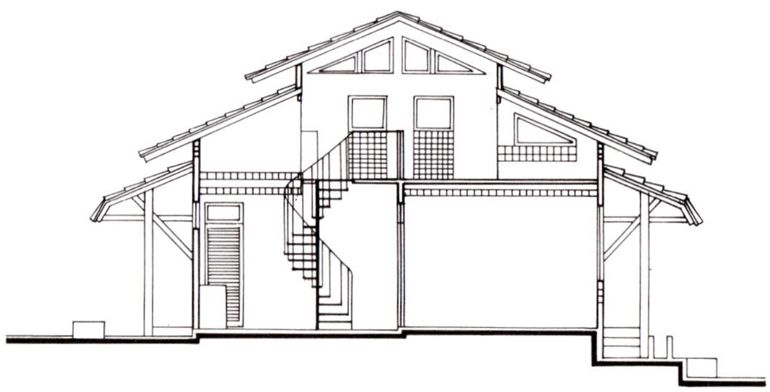

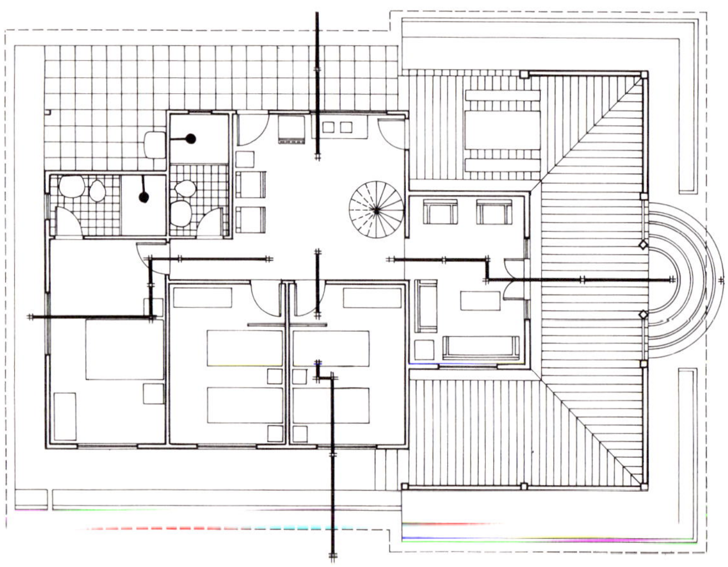

Planta principal, cortes, vista de la casa y su entorno y fachada principal

*Main floor plan, sections and views of the house and its surroundings and the main facade*

Sistema de cubierta bioclimática, vista lateral desde el fondo y terraza

*Bioclimatic roof system, side view from the edge of the property and view of the terrace*

## Vivienda unifamilar en Dois Irmãos

Acácio Gil Borsói y Janete Ferreira da Costa, arquitectos
Roberto Burle Marx, paisajismo
Rio de Janeiro, Rio de Janeiro, Brasil, 1985-1988
380 m²

El edificio, situado en una escarpada ladera sobre una formación rocosa orientada hacia el mar, está sometido a las limitaciones propias de un solar urbano convencional. Los espacios se proyectaron en función de un recorrido, teniendo como protagonista principal una deslumbrante vista sobre el paisaje.

La estructura básica de hormigón armado fue concebida como consecuencia de la organización espacial de la casa: cuatro pilares en los que se empotraban los diversos pisos, en equilibrio cuidadosamente estudiado, respondiendo al programa de necesidades y al condicionante visual exterior. Se adoptó un módulo constructivo de 1,10 metros, escogido en función de los paneles de madera para encofrar disponibles en el mercado. Esa modulación condicionó la construcción de la casa por fachadas sucesivas, para poder reaprovechar la madera del encofrado en las siguientes etapas de la edificación y en consideración a los diversos tipos de panel necesarios para la configuración formal final.

## *Private house in Dois Irmãos*

*Acácio Gil Borsói and Janete Ferreira da Costa, architects*
*Roberto Burle Marx, landscape architect*
*Rio de Janeiro, Rio de Janeiro, Brazil, 1986-1988*
*380 m²*

*The building stands on a steeply sloping site above a rock formation that looks towards the sea, but is nevertheless bound by the usual limitations conditioning a conventional urban site. The spaces have been designed on the basis of an itinerary whose most significant feature is a breathtaking view over the surrounding landscape.*

*The basic structure of reinforced concrete was worked out as a result of the spatial organization of the house: four pillars into which are set the various floors in a carefully studied equilibrium that responds to the programme of the house's needs and to the conditioning of its exterior aspect. A construction module of 1.10 metres was employed, prompted by the dimensions of the wooden formwork panels available on the market. This modular organization determined the construction of the house facade by facade, enabling the shuttering to be used again in each successive phase and in accordance with the various types of panel needed for the final formal configuration.*

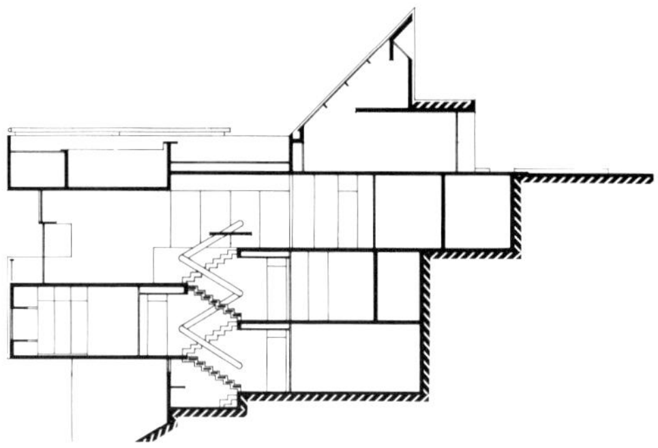

Plantas, corte y detalle de un ángulo de la casa

*Plans, section and detail of one corner of the house*

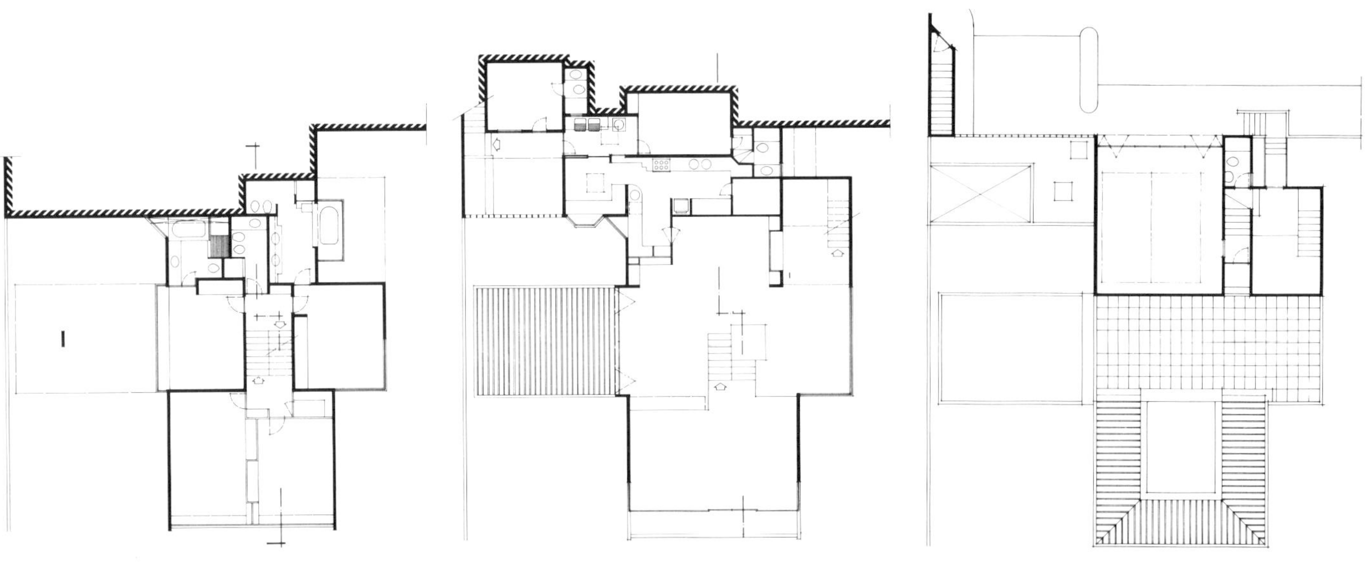

Vista de la fachada que da a la calle, vista lateral y terraza de la sala de estar

*View of the street facade, side view and view of the terrace off the living room*

Vistas del interior y detalle de la cubierta del vestíbulo de entrada

*Views of the interior and detail of the roof of the entrance vestibule*

## Vivienda unifamiliar en Mury

James Lawrence Vianna, arquitecto
Nova Friburgo, Rio de Janeiro, Brasil, 1989-1990
130 m²

Nova Friburgo es una ciudad situada en la montañosa región de la Serra do Mar, fría durante el año y con fuertes lluvias durante el verano. Esta casa, ubicada en un paraje situado a casi 1.000 metros de altitud, está destinada a fines de semana y vacaciones.

La casa está asentada en parte directamente sobre el suelo y en parte en alto sobre la ladera. Esta opción de implantación tiene una correspondencia formal y constructiva: la mitad que se apoya directamente sobre el terreno está contruida con paredes maestras de piedras de la región y techos de hormigón armado, configurando la parte «pesada» de la casa. La mitad «ligera», la que queda en alto sobre el terreno, está construida en madera.

Por lo que respecta a su aspecto exterior, la casa presenta un carácter hermético hacia la zona de acceso, lo que tiene su lógica pues está desocupada y carente de vigilancia durante toda la semana. Por el contrario, la fachada norte es muy abierta lo que facilita el usufructo visual del paisaje, dentro de unas condiciones de seguridad propiciadas por el propio perfil del terreno.

## *Private house in Mury*

*James Lawrence Vianna,* architect
*Nova Friburgo, Rio de Janeiro, Brazil, 1989-1990*
*130 m²*

*Nova Friburgo is a city in the mountainous region of Serra do Mar (Brazil) with a predominantly cold climate throughout the year and heavy rains in summer. The house is situated at a height of almost 1.000 metres above sea level, and is used at weekends and for holidays. The house is set partially on the level terrace, and partially raised up above the slope. This solution is reflected in the formal and constructive organization: the half of the house that sits directly on the levelled ground has load-bearing walls of local stone and roofs of reinforced concrete, this being the "heavy" part of the house. The "light" part, raised up over the site, is of wood.*

*In terms of its external aspect, the access area of the house presents a hermetically closed face, a rational option for a building that is unoccupied during the week. By constrast, the north facade is extremely open and unprotected, thus allowing extensive views over the landscape, while its security is ensured by the topography of the terrain.*

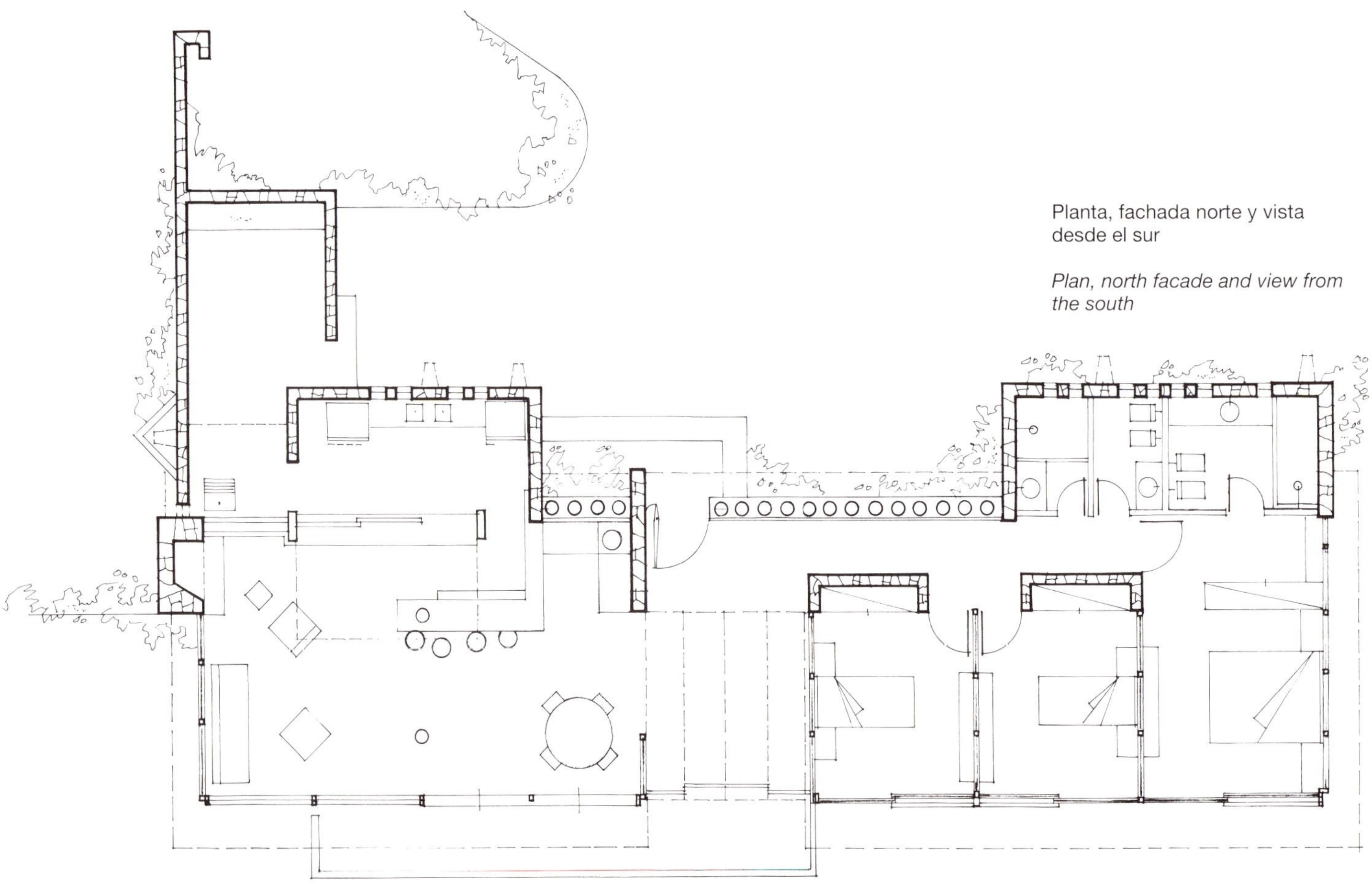

Planta, fachada norte y vista desde el sur

*Plan, north facade and view from the south*

Vistas laterales y solarium

*Side views and view of the solarium*

## Casa Calvo («Caracola»)

Enrique Browne, arquitecto
Colaboradores: Jorge Campos, Ricardo Cruz
Las Condes, Santiago de Chile, Chile, 1985-1987
258 $m^2$

La vivienda se diseñó en base a unos patios para resguardar la intimidad familiar. Se buscó que conformara una unidad indisoluble con el terreno.

El sitio es casi cuadrado, las mejores vistas y asoleamiento están en la diagonal norte hacia la calle. Esta diagonal se transformó en el eje de toda la composición. El terreno quedaba 1,2 m por debajo de la calle. Las áreas comunes (comedor y estar) se ubicaron en el centro del terreno, conformando su propio sitio. Las áreas privadas (dormitorios y servicios) se desglosaron en dormitorio de los padres, dormitorios de los hijos y servicio. Se ubicaron entre el óvalo y el cuadrado de los medianeros, aprovechando el pareo permitido con los vecinos. Estas unidades conforman pequeños patios y quedan a nivel de la calle, para conectar baños y cocinas con las redes públicas.

Especial importancia tenía el modo de relacionar las distintas partes de la vivienda. Se optó por una circulación en espiral desarrollada alrededor del óvalo. El muro que conforma la espiral de circulación se inicia en el acceso donde se recibe la electricidad pública, y remata en una caída de agua sobre la piscina.

## *Calvo house ("Caracola")*

*Enrique Browne, architect*
*Assistants: Jorge Campos, Ricardo Cruz*
*Las Condes, Santiago de Chile, Chile, 1985-1987*
*258 $m^2$*

*The house, which was designed on the basis of a series of courtyards in order to ensure the clients' privacy, seeks to establish an indissoluble unity with the site.*

*The plot is virtually square, with the best views and exposure to the sun on the northern diagonal bounding the street, and this diagonal accordingly became the axis of the composition as a whole. The level of the plot lies 1.2 m. below that of the street. The communal activities (dining and living rooms) occupy the centre of the site, where they constitute their own particular space. The private areas (bedrooms and services) consist of the bedrooms for parents and children and the corresponding services. These are situated between the oval and the square formed by the boundary walls, in accordance with the proximity allowed with the neighbouring properties. These units form small courtyards, set at street level to allow bathrooms and kitchens to connect with the public utilities.*

*Special importance has been given to the method of relating the different parts of the house, with a spiral circulation scheme centring on the oval. The wall forming this circulation spiral begins at the entrance, with the electrical junction, and concludes in a cascade of water at the swimming pool.*

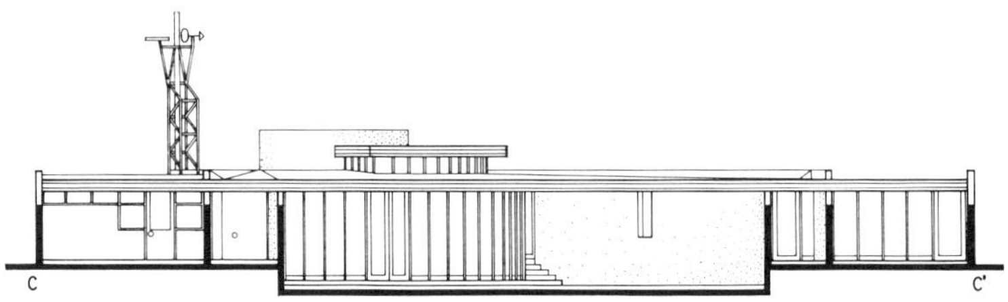


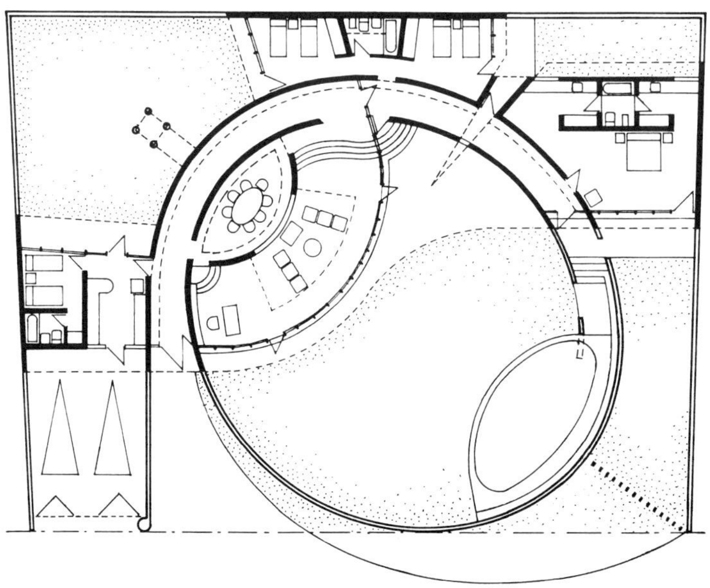

Planta, corte, vista nocturna de la casa desde la piscina y vista de la piscina

*Plan, section, view of the house from the swimming pool at night and view of the swimming pool*

Vistas de la piscina y el interior

*Views of the swimming pool and the interior*

Vistas del comedor y de la sala de estar

*Views of the dining room and living room*

## Casa Gutiérrez

Cristián Fernández Cox, arquitecto
Colaboradores: Cristián Fernández Eyzaguirre,
Antonio Aguilera Daza, Rebeca Irarrázaval, paisajismo
Lomas de La Dehesa, Lo Barnechea,
Santiago de Chile, Chile, 1986-1987
350 m$^2$

La casa es «clásica» en cuanto se organiza formalmente a partir de un eje de simetría conformado por la sucesión de puertas de entrada a una secuela simple pero variada de espacios: el patio empedrado inicial, luego el recinto oscuro del hall de acceso, luego al espacio más luminoso de la sala de estar y comedor, que está íntimamente ligado con la terraza cubierta, para rematar finalmente en el eje de simetría de la lejana piscina al fondo del jardín. La casa es «moderna» en cuanto al eje de simetría se difumina con toda libertad hacia ambos lados, según las necesidades programáticas de los habitantes: así, el eje de simetría del recorrido espacial, pasa a ser un potente principio de organización formal, sin constituir por ello una camisa de fuerza. Restricción y libertad. Tres logros finales: (a) la casa es introvertida según el requerimento de los clientes, lo que a la vez es muy característico del modo de vida familiar chileno y latinoamericano; (b) la casa se basa en la articulación de espacios intermedios entre el exterior y el interior; (c) la casa proyecta una atmósfera significativa de valores implícitos: paz, sencillez, y sobre todo, permanencia en el tiempo, fuera de los vaivenes de la moda.

## *Gutiérrez house*

*Cristián Fernández Cox, architect*
*Assistants: Cristian Fernández Eyzaguirre,*
*Antonio Aguilera Daza; Rebeca Irarrázaval,*
*landscape architect*
*Lomas de la Dehesa, Lo Barnechea,*
*Santiago de Chile, Chile, 1986-1987*
*350 m$^2$*

*The house is "classic" in that it is organized formally on the basis of an axis of symmetry created by the movement from the entrance doors to a simple yet varied sequence of spaces: the initial paved courtyard, followed by the dark entrance hall, then the more luminous area of the living and dining room, in intimate contact with the roofed terrace, and finally in the axis of symmetry of the swimming pool in the distance at the end of the garden. The house is "modern" in that the programme is freely developed on either side of the axis of symmetry in response to the clients' requirements: thus the axis of symmetry of the spatial itinerary constitutes a potent principle of formal organization without becoming a strait-jacket. Restriction and liberty. Three finals points: (a) the house is introverted, at the clients' request, which is in any case highly characteristic of family life in Chile and in Latin America as a whole; (b) the house is based on the articulation of intermediary spaces between the exterior and the interior; (c) the house projects an atmosphere redolent of enduring values: peace, simplicity and above all, permanence in time, far removed from the comings and goings of fashion.*

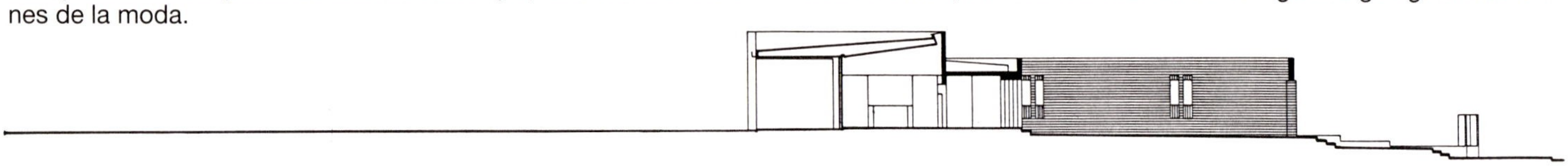

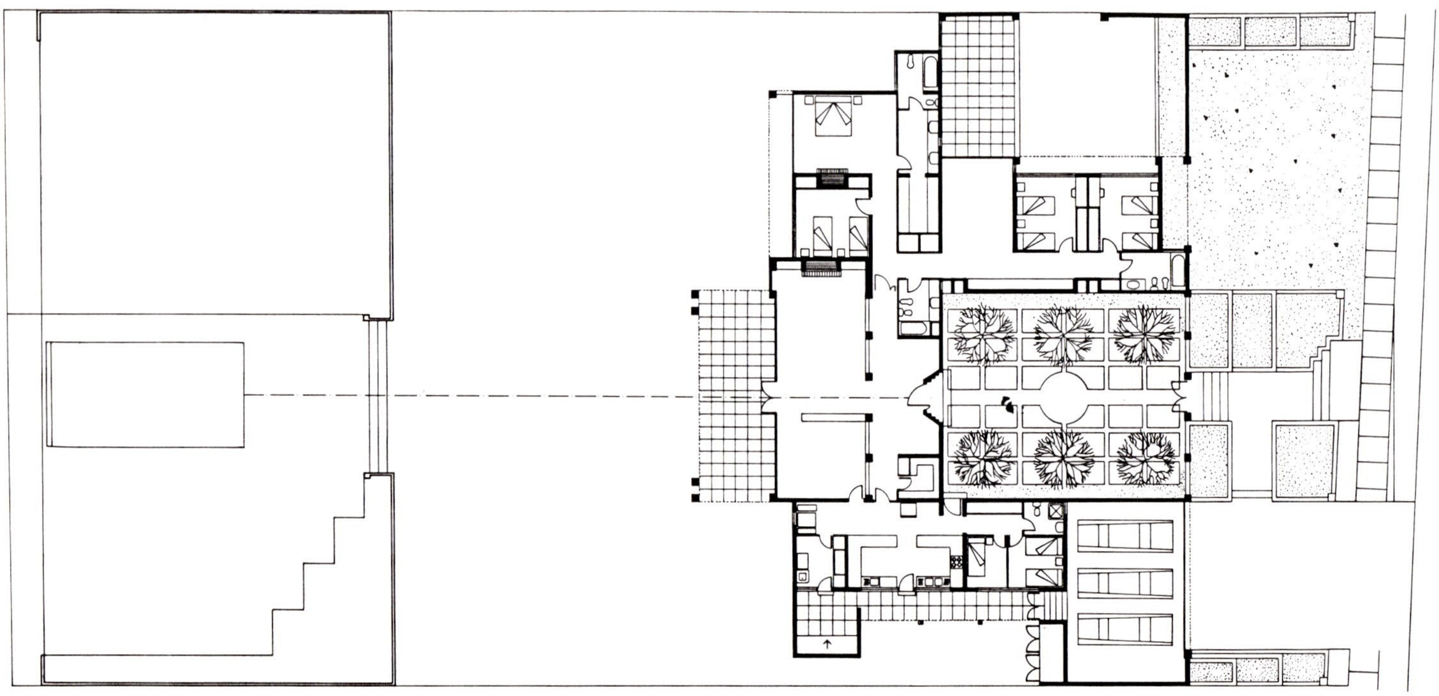

Páginas anteriores: planta, corte por el eje de simetría, fachada que da a la calle, acceso y fachada posterior

*Previous pages: plan, section along the axis of symmetry, street facade, access and rear facade*

Acceso

*Access*

Sala de estar

*Living room*

## Casa Fajnzylber (Casa México)

Christian de Groote, Hugo Molina, Camila del Fierro,
Patricio Silva, arquitectos
Santa María de Manquehue, Las Condes
Santiago de Chile, Chile, 1987-1989
258 m$^2$

El terreno está ubicado al pie del cordón de cerros del Manquehue, en un sector muy arbolado, lleno de palmeras y álamos, lo que le da una especial sensación de recogimiento e introversión. Esta característica de introversión, más el hecho de estar la casa dispuesta en una punta de diamante que enfrenta directamente una avenida profusamente arbolada, nos hizo concebir la obra como una verdadera rótula espacial –de ahí la forma curva–, muro curvo que al mismo tiempo que irradia hacia el exterior, encierra un mundo sorpresivo de espacios ortogonales intrincadamente interconectados, y que se contactan, juegan y se separan de la superficie, estableciendo un espacio «intermedio» entre el interior y el exterior. Para acentuar esta interioridad, y aprovechando la topografía del terreno, se accede a través de un túnel a un patio cuadrado, de 8 x 8 m y tres pisos de altura, totalmente cerrado, desde el cual sólo se percibe el cielo y la copa de los árboles y jardineras.

La variedad de situaciones, dobles alturas, escaleras, vacíos, etc. más las pocas aberturas cuidadosamente controladas hacia el mundo exterior, confieren a la casa un clima mágico, que ha hecho que sus propietarios la bautizaran como «El nombre de la rosa», en alusión a la biblioteca medieval que aparece en el libro de Umberto Eco del mismo título.

## *Fajnzylber house (Casa Mexico)*

*Cristian de Groote, Hugo Molina, Camila del Fierro, Patricio Silva, architects*
*Santa María de Manquehue, Las Condes*
*Santiago de Chile, Chile, 1987-1989*
*258 m$^2$*

*The site is located at the foot of the Manquehue chain of hills, in very wooded terrain abounding in palm trees and poplars, which gives it a special quality of seclusion and introspection. This quality of introspection, together with the fact that the house stands at the point of a diamond directly overlooking a densely tree lined avenue, prompted us to conceive of the scheme as a genuinely spatial juncture –hence the curving form: this curving wall at once radiates out towards the exterior and encloses an unexpected inner world of intricately interconnected orthogonal spaces. These make contact, interrelate and detach themselves from the surface, establishing an "intermediary" space between the interior and the exterior. In order to accentuate this interior quality, and profitting from the topography of the site, access is gained by way of a tunnel, leading into a square courtyard, 8 m x 8 m, three storeys high and completely enclosed, from which only the sky and the tops of the trees and the planters are visible.*

*The variety of situations, double heights, stairs, voids and so on, together with the few carefully controlled openings toward the world outside, give the house a magical atmosphere, which led the owners to call it "The name of the rose", in allusion to the library in the novel by Umberto Eco.*

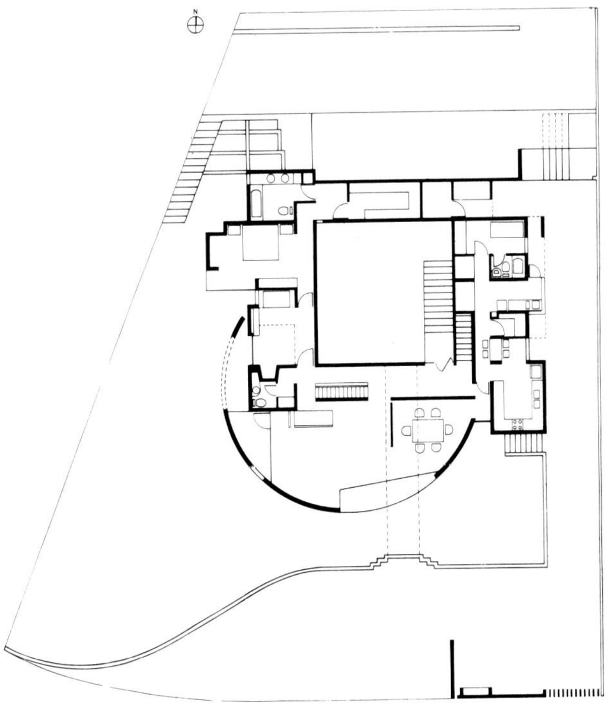

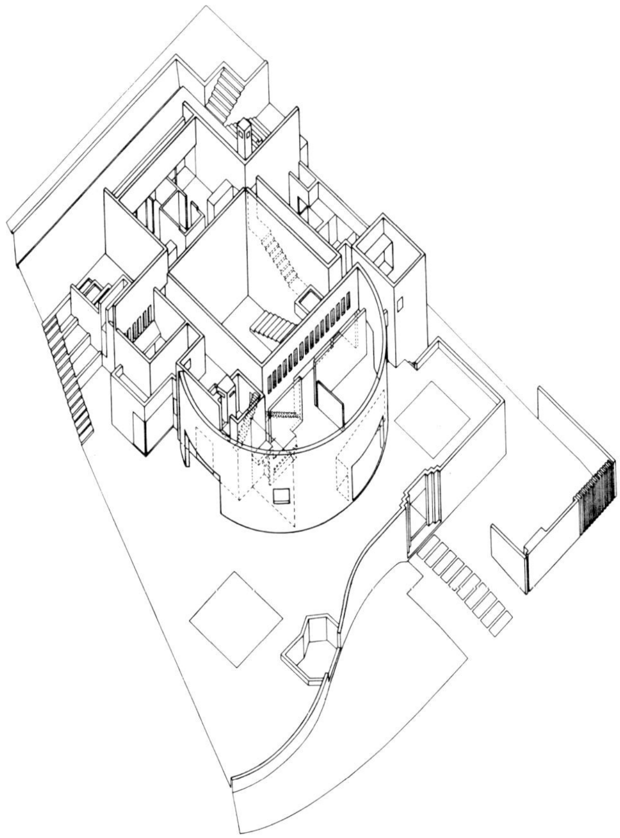

Planta, axonometría, detalle del interior

*Plan, axonometric sketch and detail of the interior*

Páginas siguientes: patio de acceso y acceso desde la calle

*Following pages: access courtyard and street entrance*

## Vivienda unifamiliar en la calle Licanray

Luis Izquierdo W., Antonia Lehmann Sb., arquitectos
Loteo «Santa María de Manquehue», Santiago de Chile, Chile, 1985-1987
276 m$^2$

Esta casa ocupa un terreno, en una ladera, de 1.000 m$^2$ de superficie. Hacia arriba está el sol del norte y el hito del cerro Manquehue. Hacia abajo, al sur, la vista al valle de Santiago.

Se proyectó para una familia compuesta por una pareja de médicos y sus dos hijos. Sus requerimientos eran disponer en plantas aparte el sector de estar y el sector de dormitorios. El primero con una sala de estar separada del comedor, cocina y servicio. El segundo, una sala estudio para los padres, una sala de estudio para los hijos, más sus dos domitorios con un baño. De una aplicación directa de estos requerimientos del programa al terreno inclinado, resultó la solución simétrica de sus dos plantas, con su eje compuesto por escaleras que conectan el nivel de calle, el de estar y el de dormitorios.

Se ha hecho corresponder, en el partido arquitectónico, esta aplicación del programa al lugar con una forma que hace patentes (como rituales) los actos de ascender por una larga escalera en un surco contra el cerro, girar, y encontrarse en recintos abiertos a terrazas suspendidas sobre el valle. Las terrazas, que son techos jardines generados por el escalonamiento de los niveles, permiten multiplicar la superficie útil, plana, del terreno.

## *Private house in calle Licanray*

*Luis Izquierdo, Antonia Lehmann, architects*
*Santa María de Manquehue, Santiago de Chile, Chile, 1985-1987*
*276 m$^2$*

*This house occupies a 1,000 m$^2$ site on the side of a hill, looking upward to the sun and the landmark of the Manquehue peak to the north, and the Santiago valley below to the south.*

*The house was designed for a family consisting of two doctors and their two children. The clients asked that the reception area be set on a different floor from the bedroom area: the former has a living room, separated from the dining room, kitchen and services; the second comprises a study for the parents, the main bedroom with its own bathroom, and adjoining this a study for the children, their bedrooms and a second bathroom. The direct application of these requirements in the brief to the sloping site produced the symetrical solution of the two floors, reception and bedrooms, with their axis consisting of the stairs connecting with street level.*

*The architectonic scheme reflects this application of the programme to the site in a form that clearly emphasizes (ritualizes) the act of ascending by way of a long flight of stairs set into the hillside, turning, and finding oneself in an environment opening onto terraces suspended above the valley. These terraces, in effect landscaped roofs created by the stepping up of the different levels, multiply the usable flat surface area of the sloping terrain.*

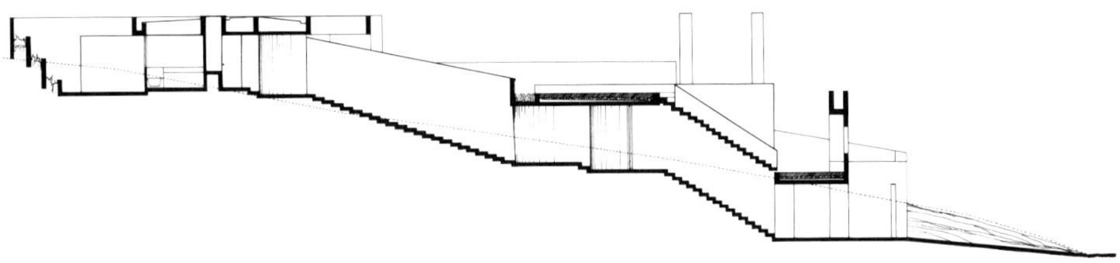

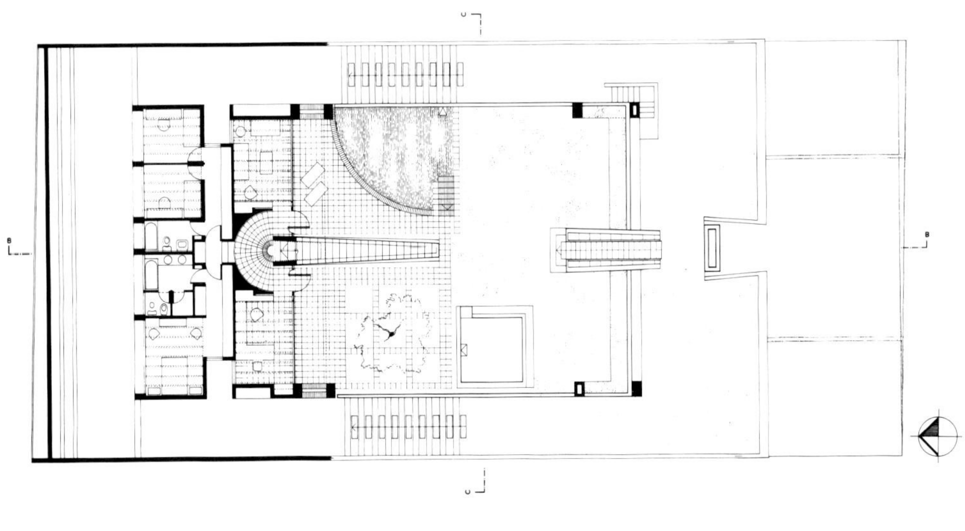

Planta, corte, acceso e interior con patio

*Plan, section, access and interior of the courtyard*

## Vivienda unifamiliar en el Cerro («La Pedrera»)

Cristián Undurraga y Ana Luisa Devés, arquitectos
Camino del Cóndor, Santa María de Manquehue,
Santiago de Chile, Chile, 1989-1990
400 m$^2$

El terreno donde se sitúa la casa se caracteriza por la imponente presencia de los cerros inmediatos. El desafio estaba en intervenir en el cerro de forma sutil, confundiendo la arquitectura y la geografía. Las condiciones del terreno definieron un proyecto caracterizado por un volumen formado por muros paralelos que se posan en el terreno como un puente. La plataforma superior, donde se ubica la piscina, se pensó como un contrapunto frente a la geografía accidentada del terreno. Las chimeneas se trataron como una escultura que preside la ceremonia de mirar sobre el valle.

En el interior la casa se desarrolla en distintos niveles según la topografía del sitio. La zona más pública de la casa tiene una altura superior que se gradua en las zonas íntimas y de dormitorios. Éstos se orientaron hacia el norte, privilegiando el sol, y los recintos públicos se orientaron hacia el paisaje del valle y la ciudad.

El recorrido es el tema principal. El acceso desde la calle se estrecha subrayando una separación definitiva con ella a través de un pasillo exterior formado por muros de piedra de 5 metros de alto para abrirse en un patio donde el paisaje es el cielo. Al entrar en la casa, la ciudad se mira desde lo alto. Los recintos interiores se agrupan en torno a un circuito continuo que recorre la obra en toda su longitud, conectando los distintos niveles del proyecto.

La luz constituye un elemento fundamental del diseño, graduándose según las características del recinto y posibilitando la animación del lugar y la creación de una atmósfera que acentúa la espiritualidad del espacio. La estructura general de la casa es de hormigón armado debido a las condiciones del cerro y los terremotos que cada década afectan al país. Hacia el exterior se utilizó un sistema de doble muro, utilizando piedra que se recogió en el terreno y en sus proximidades, en un intento por vincular más la obra con el lugar.

## *Private house on the hill ("La Pedrera")*

*Cristián Undurraga, Ana Luisa Devés, architects*
*Camino del Cóndor, Santa María de Manquehue,*
*Santiago de Chile, Chile, 1989-1990*
*400 m$^2$*

*The terrain on which the house stands is characterized by the imposing presence of the surrounding hills. The challenge here was to intervene in the hill in a subtle fashion, fusing architecture and geography together. The condition of the terrain defined a project characterized by a volume composed of parallel walls set down on the site like a bridge. The upper platform containing the swimming pool was conceived as a strong counterpoint to the hilly topography of the area. The chimneys have been treated as a sculptural element presiding over the ceremony of looking out across the valley.*

*In the interior, the house is developed over different levels in accordance with the topography of the terrain. The more public part of the house has a higher ceiling height, which is lowered in the more private spaces and the bedrooms; these are north-facing, to enjoy the sun, while the public spaces are oriented towards the views of the valley and the city.*

*Circulation is a major theme. Access from the street, in order to emphasize the definitive separation, narrows to pass through an exterior passageway constituted by 5 metre-high stone walls before opening out into a courtyard where the landscape is the sky. On entering the house the city can be seen below. The interior spaces are grouped around a continuous circuit that passes through the whole of the building, connecting the various different levels.*

*The light is a fundamental element in the design, graduated in accordance with the characteristics of the house and serving to animate the building and create an atmosphere that accentuates the spirituality of the space. The general structure of the house is of reinforced concrete, in view of the physical conditions of the hilly location and the earthquakes which occur on average once every ten years. The outer skin consists of a double wall system, using local stone from the site itself and the surrounding area on the exterior, in an attempt to relate the building still more closely to its location.*

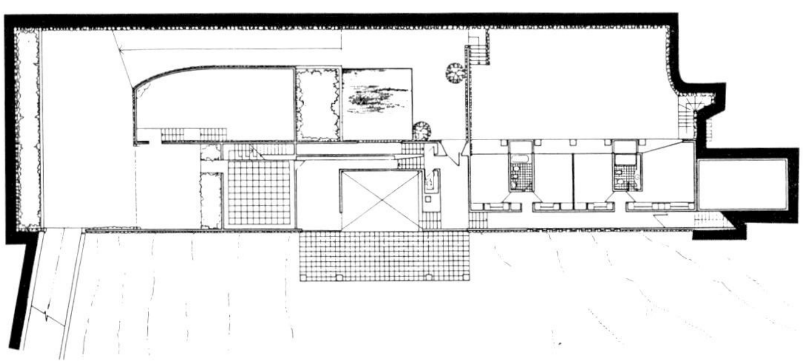

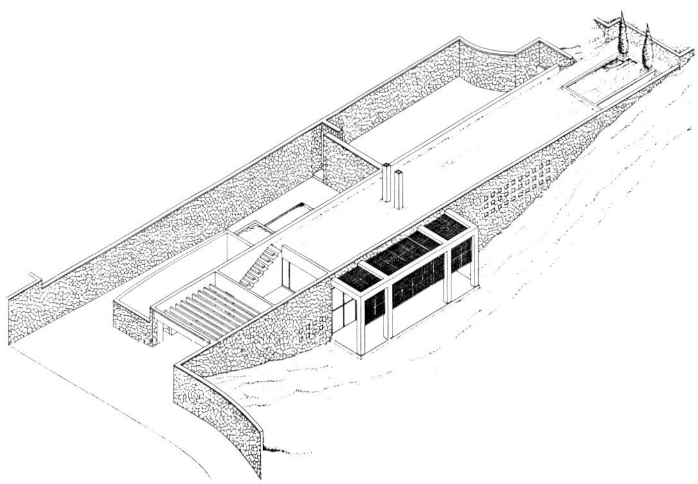

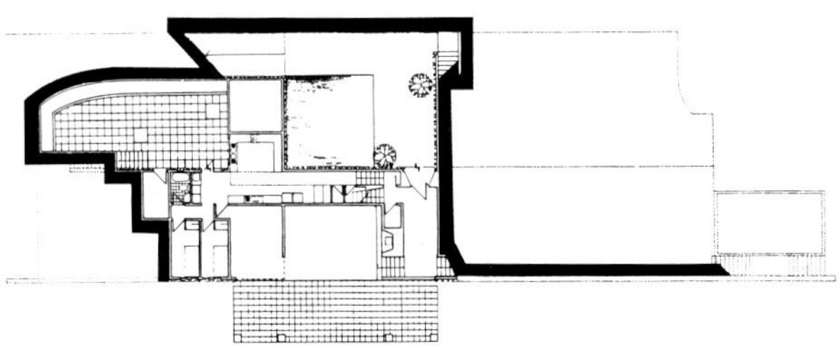

Plantas, axonometría y vista de la casa y su entorno

*Plans, axonometric sketch and view of the house and its surroundings*

Vistas del interior, patio, piscina y porche

*Views of the interior, courtyard, swimming pool and porch*

**Vivienda unifamiliar en Pirque**

Cristián Valdés, arquitecto
Comuna de Pirque, Chile, 1990
170 m²

La presencia de la casa en el paisaje es una horizontal que emerge del terreno y mira sobre los espinos.

La casa se configura como un muro de un espesor suficiente como para caminar sobre él, un muro desde el cual se aprecia el paisaje. Todo se organiza a partir de esta idea, el espesor del muro se hace variable, se habita junto a él y debajo de él, en los ensanches de los extremos. Dos polos: uno doméstico e íntimo, donde están los dormitorios, cocina y sala de estar que regula el acceso, y el otro una gran sala debajo del muro que se hace puente, que abre un patio enterrado en el que aparece el perfil de los cerros.

Esta casa es un proceso de urbanización, un intento de llevar la ciudad al espacio privado, una manera de instalarse, de situarse frente a los demás, un lugar urbano, una calle que separa lo público y lo privado.

El terreno se ordena en función del acceso. Un muro bajo que lleva la horizontal del suelo en dirección a la entrada, en el extremo del cual se encuentra un espacio cubierto para autos y servicios, que se remata con una casa para un cuidador.

***Private house in Pirque***

*Cristian Valdés, architect*
*Pirque community, Chile, 1990*
*170 m²*

*The presence of the house in the landscape is a horizontal that emerges from the terrain and looks out over the hawthorns.*

*The house declares itself with a wall, sufficiently thick to walk along the top of, from which the landscape can be appreciated. The whole scheme is organized around this idea: the thickness of the wall experiences variations, with the spaces for living set against it and beneath the extensions at either end of it. Two poles: one domestic and intimate, containing the bedrooms, kitchen and living room, regulated by the access, and the other a large salon below the wall, which here becomes a bridge, that opens onto a sunken courtyard from which the outline of the hills can be seen.*

*This house is a process of settlement and development, of bringing the city to this natural setting, of establishing oneself in relation to one's surroundings, an urban place, a street separating the public from the private.*

*The site is ordered in terms of access. A low wall continues the horizontal of the ground level as far as the entrance to the property, at the end of which there is a roofed area for car parking and services, with a house for the caretaker.*

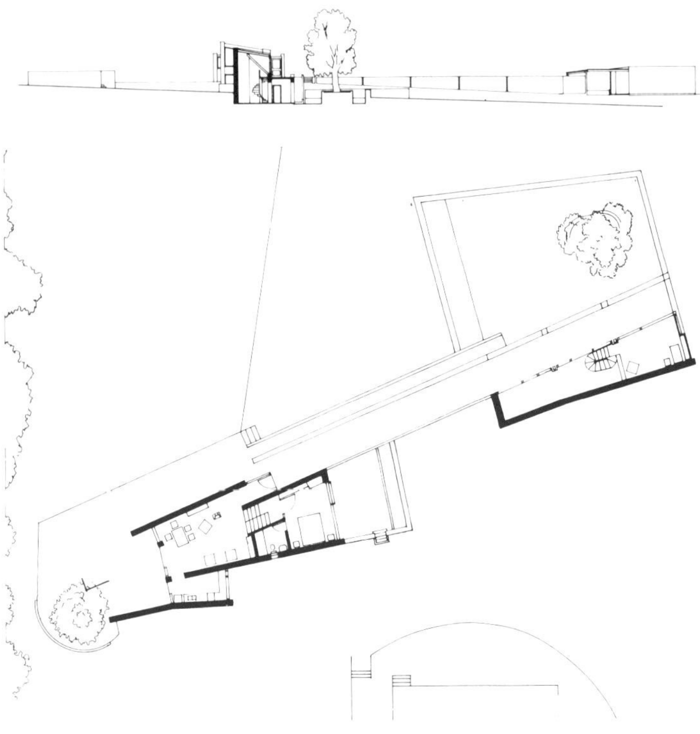

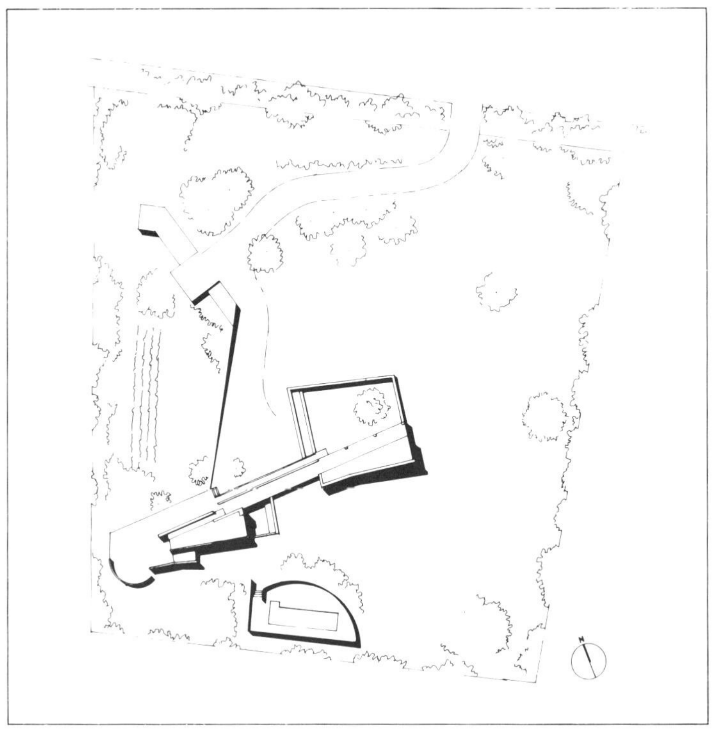

Planta, corte transversal, plano de situación y vistas de la casa y su entorno

*Plan, transverse section, location plan and views of the house and its surroundings*

Diversas vistas del exterior

*Various views of the exterior*

## Casa Rueda

Rueda, Gutiérrez y Morales, arquitectos
Bogotá, Colombia, 1972
220 m$^2$

La casa se ajusta al desnivel del terreno mediante desplazamientos de medio piso, lo cual permitió a su vez una zonificación de espacios adecuadamente ajustado al sistema de vida de la familia. Los dos primeros niveles se utilizaron para el acceso, garajes y alcobas de servicio; el nivel siguiente (3º) es ocupado por el salón y la alcoba de los padres con todas las dependencias anexas. El 4º nivel incluye el comedor y la cocina; el siguiente, la alcoba de las niñas y el estudio del arquitecto, localizado en un mezzanine de madera que se vincula verticalmente con el salón de la casa. El último nivel (6º), se diseño como el estudio de pintura para la dueña de la casa. La volumetría general permite leer la casa con claridad. Tres volúmenes perfectamente diferenciados tanto por su masa como por las cubiertas que se orientan en sentidos distintos, se relacionan con el núcleo central de la escalera. Uno de los volúmenes contiene la zona de salón y estudio; otro contiene las alcobas; y el tercero lo ocupan las zonas de servicio y el estudio de pintura.

Cabe destacar que todas las dependencias tienen excelentes vistas hacia el jardín propio de la casa y hacia vistas distantes.

El ladrillo visto, utilizado tanto en el exterior como en el interior de la casa, se combina con elementos de concreto a la vista (también observable en el interior y en el exterior), y madera. En algunos lugares del interior se utiliza el revoque, pero no se trabaja con yeso ni con ningún otro material, sino que se conserva la textura resultante del simple recubrimiento del ladrillo y el alisado inicial.

## *Rueda house*

*Rueda, Gutiérrez and Morales, architects*
*Bogotá, Colombia, 1972*
*220 m$^2$*

*The house adapts to the differences in level of the site by means of displacements of half a floor in height, which at the same time facilitates the appropiate zoning of the spaces to suit the clients' way of life. The first two levels are devoted to access, garages and servants' bedrooms; the next level (the 3rd) is taken up by the living room and the main bedroom with its corresponding services. The 4th level contains the dining room and kitchen; on the next level are the children's bedroom and the architect's study, situated on the timber mezzanine vertically overlooking the living room. The topmost level (the 6th) has been laid out to provide a painting studio for the lady of the house. The general volumetry makes the house readily legible. Three volumes, perfectly differentiated in terms of mass and the contrasting orientation of the roofs, are laid out around the central core of the stairs. One of these volumes contains the living room and study; another the bedrooms, and the third the service spaces and the painting studio.*

*It is worth noting that all the rooms enjoy excellent views of the garden and beyond, to other distant views.*

*The exposed brickwork, utilized on both the exterior and the interior of the house, is combined with exposed concrete elements (again used both internally and externally) and wood. In parts of the interior the walls have been rendered, although these have not been finished with plaster but left with the texture produced by a simple trowelling of the brick surface.*

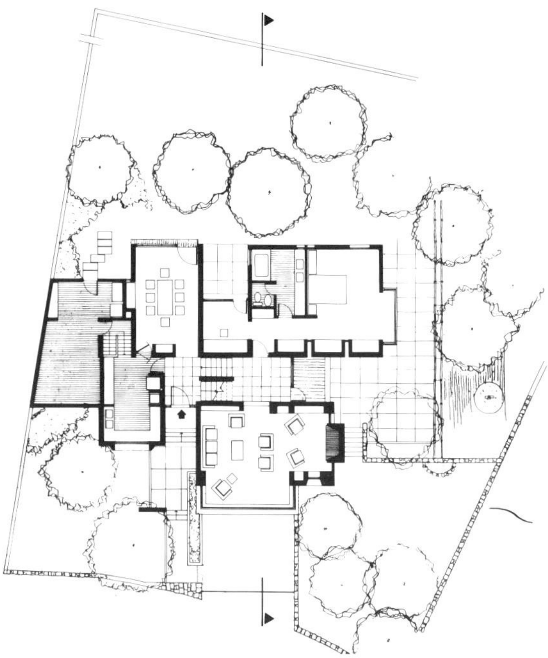

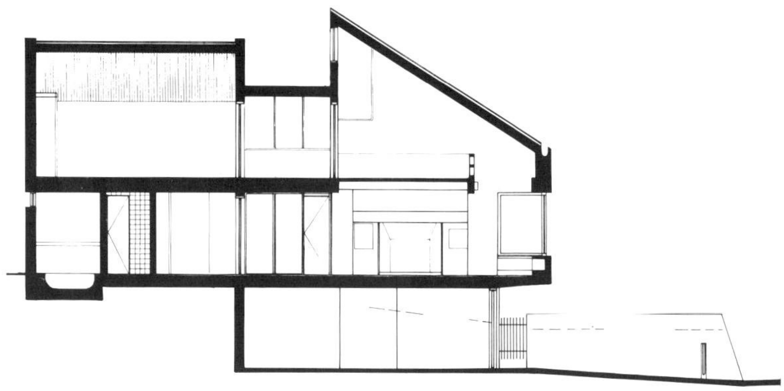

Planta, sección y vista de la casa y su entorno

*Plan, section and view of the house and its surroundings*

Vistas del interior, exterior y jardín

*Views of the interior, the exterior and the garden*

## Casa Florida Blanca

Laureano Forero, arquitecto
La Ceja, Antioquía, Colombia, 1982
240 $m^2$

El patio, como valioso elemento estructurador del espacio, aparece en las más diversas épocas y regiones del mundo. Cuando el arquitecto lo asume como punto de partida en el diseño de la arquitectura doméstica, la casa se congrega a su alrededor, sus espacios se jerarquizan con la sencillez y todo el ámbito adquiere una atmósfera íntima y reposada.

El clima frío favorece los espacios recogidos, atemperados por la presencia de varias chimeneas, sin perjuicio de disfrutar del paisaje, en especial desde el salón, que ocupa el costado principal del patio y se abre, íntegra y alternativamente, hacia él y, en el plano opuesto, sobre una amplia y profunda terraza cubierta que presta su primer plano de plantas y enrededaderas a la vista lejana del valle.

Un pasillo, generado en la sala de estar familiar, conduce a las alcobas, resueltas con un pequeño altillo que permite aumentar su capacidad para acoger huéspedes ocasionales. Al fondo del corredor, la alcoba principal, con suficiente amplitud para albergar un pequeño recibidor frente a la chimenea, ocupa buena parte del costado opuesto a la zona social.

El ladrillo de Antioquía, hueco, grande y texturado, predomina en el interior y en las fachadas. Lo complementa la teja de arcilla cocida en las cubiertas confluentes hacia el patio para ratificar otra de sus virtudes como recolector del agua de lluvia.

## *Florida Blanca house*

*Laureano Forero, architect*
*La Ceja, Antioquia, Colombia, 1982*
*240 $m^2$*

*The courtyard, as a vital element in the structuring of spaces, is found in many different periods and regions of the world. When the architect adopts it as the starting point for the design of a private residence, the house assembles itself around it, ordering its spaces with perfect simplicity, so that the whole environment is invested with an intimate and restful quality.*

*The cold climate here favours secluded spaces, warmed by several fireplaces, without this impeding enjoyment of the surrounding landscape, especially from the living room, which occupies the larger side of the courtyard, opening completely onto this on one side, and on the other onto a wide, deep roofed terrace, looking past the plants and creepers in the foreground to the valley in the distance.*

*The corridor which starts from the family living room leads to the bedrooms, which are provided with a small mezzanine to accommodate occasional guests. At the end of this corridor, the main bedroom, large enough to have a small reception area in front of the fireplace, occupies a considerable part of the side opposite the rooms used for social activities.*

*The distinctive Antioquia brick, hollow, large and textured, predominates in the interior and on the facades. This is complemented by the terracotta tiles on the roofs which slope down towards the courtyard, thus serving the additional function of collecting rainwater.*

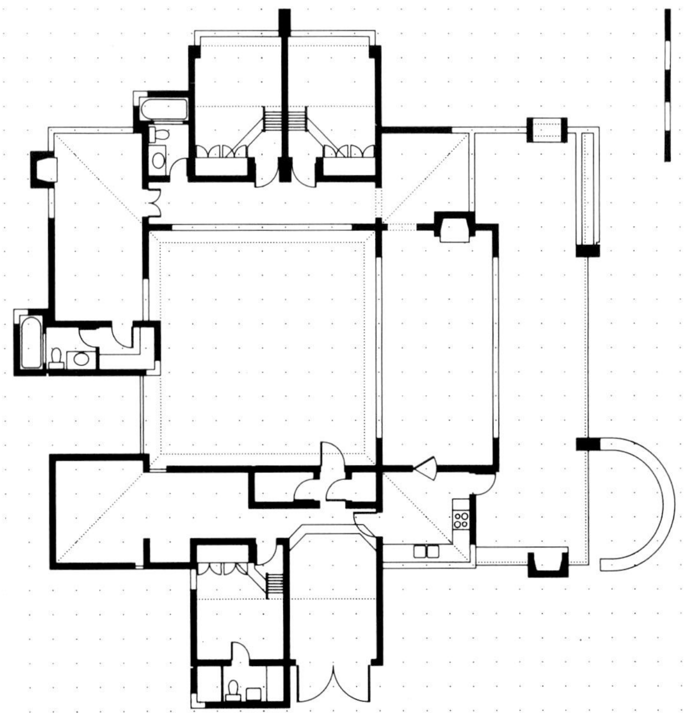

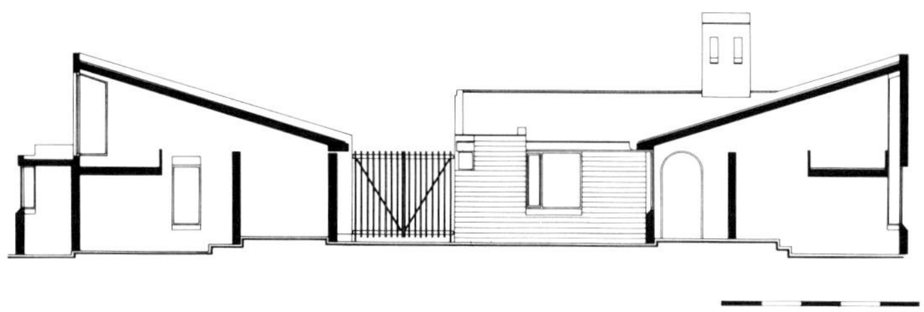

Planta, sección, vistas de la fachada que da al jardín y de la fachada posterior

*Plan, section and views of the facade overlooking the garden and the rear facade*

Vistas de las diversas fachadas y detalle del patio

*Views of the different facades and detail of the courtyard*

## Vivienda unifamiliar en El Mirador de La Mesa

Luis Kopek, arquitecto
Anapoima, Cundinamarca, Colombia, 1983
500 $m^2$

La majestuosa vista de todas las colinas que, desde las estribaciones de la Sabana descienden, en brumosa sucesión de planos, hacia el Valle del Río Magdalena, dictó la orientación y el carácter de esta finca de recreo, situada a mitad de camino entre La Mesa y Anapoima. Un eje longitudinal, materializado en un muro de piedra extraída del mismo sitio, la recorre desde su extremo oriental. Avanza hacía poniente marcando la dirección del paisaje y se resuelve, al borde del terreno, en un mirador. Abajo, en el fondo del cañon, corre el río Bogotá.

Otro eje, transversal y más corto, intercepta al primero. Allí marca la entrada y determina cuatro cuadrantes de los cuales el noroeste, menos valorizado por la cercanía del predio vecino, alberga los servicios. Los restantes cuadrantes jerarquizados por las vistas, acogen, uno el volumen alto y cuadrado del salón, abierto a la piscina y al comedor; otro, con la vista oriental de cultivos y peñascos, las alcobas y el último, la explanada de acceso y estacionamento.

## *Private house in Mirador de La Mesa*

*Luis Kopek, architect*
*Anapoima, Cundinamarca, Colombia, 1983*
*500 $m^2$*

*The majestic view of the successive ranges of hills that sweep down, swathed in banks of mist, towards the Magdalena river valley, determined the orientation and the character of this second residence, situated halfway between La Mesa and Anapoíma. A longitudinal axis in the form of a wall of local stone runs from the eastern edge of the site, marking the direction of the landscape as it moves westward, where it terminates in a belvedere. Below, at the bottom of the canyon, runs the Bogotá river.*

*A second and shorter transverse axis intersects the first to mark the entrance and define four quadrants: of these, the north-west sector, which abuts on the neighbouring property, contains the services. The others, ordered in terms of the views they command, respectively accommodate the high cuboid volume of the living room, which opens onto the swimming pool and the dining room; the bedrooms, looking eastward to the farmland and the rocky hills; and finally the driveway and the parking bay.*

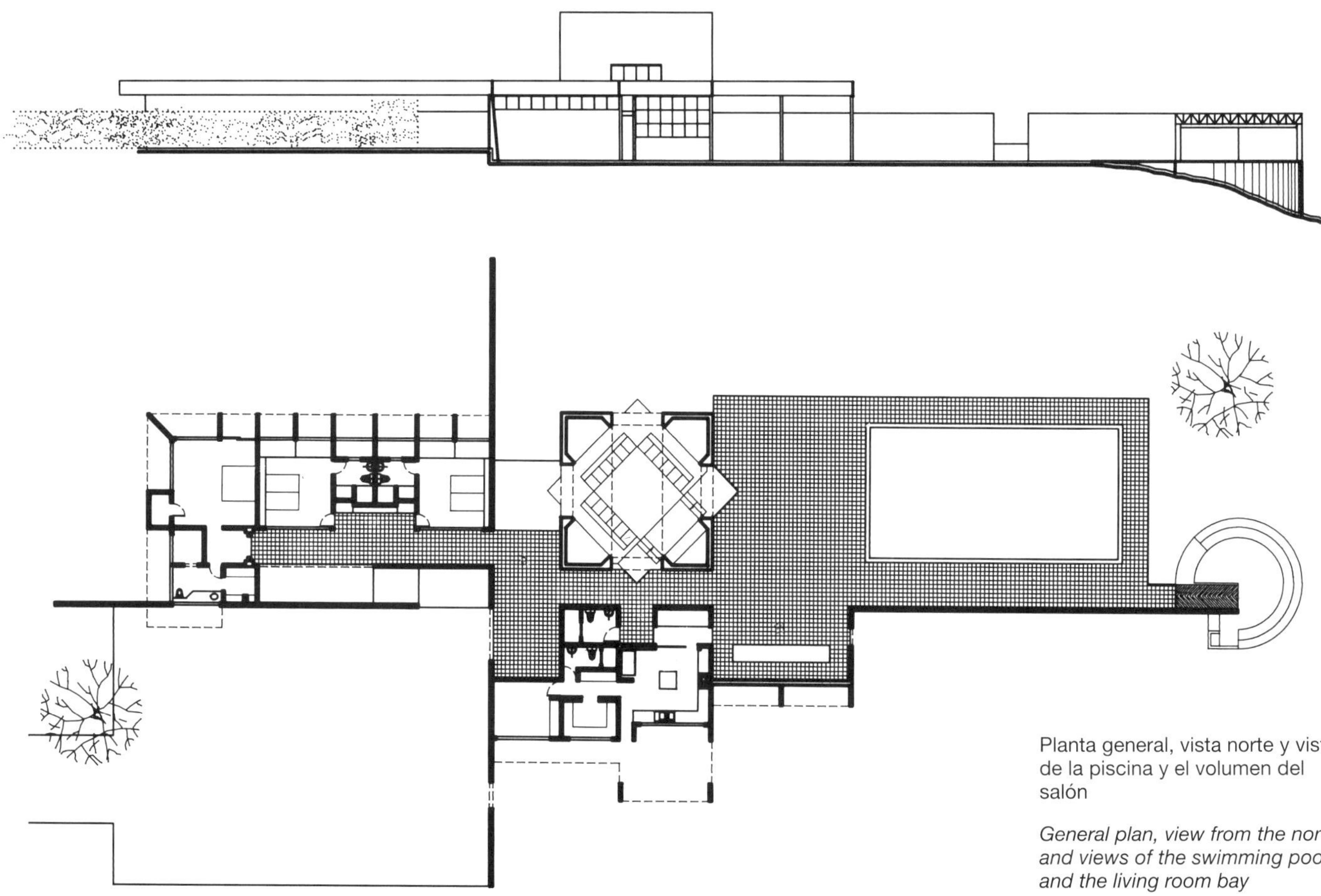

Planta general, vista norte y vistas de la piscina y el volumen del salón

*General plan, view from the north and views of the swimming pool and the living room bay*

Vistas del comedor y la piscina

*Views of the dining room and the swimming pool*

## Casa de huéspedes ilustres

Rogelio Salmona, arquitecto
Fuerte de Manzanillo, Bahía de Cartagena de Indias, Colombia, 1987
1.200 m² casa principal, 500 m² construcción auxiliar

La Fundación para el patrimonio, recibe el encargo presidencial de escoger, en Cartagena, el sitio para erigir una casa que sirva de residencia temporal a las personalidades extranjeras invitadas por el Presidente de la República. El proyecto fue encargado a Rogelio Salmona quien a su vez sugiere el sitio de Manzanillo.

Salmona considera indispensable mantener la altura de las nuevas construcciones por debajo de la del fuerte, determinante que, unida a la estrechez de la lengua de tierra, lo lleva a la concepción horizontal y extendida de la casa, condición que no le resta importancia al elevarla levemente sobre una plataforma expresada en todo el perímetro por taludes de grama.

La selección del material para su mampostería constituye otro motivo de estudio, concluido felizmente con la adopción de la piedra coralina, material noble y perdurable, presente en toda la arquitectura de la ciudad amurallada. Asume como forma estructural para las cubiertas interiores la bóveda rebajada de ladrillo y emplea, como elementos absorbentes de sus esfueszos, tensores combinados de metal y madera. La disposición de las dependencias de esta singular vivienda denota claramente su compleja función.

## *Residence for distinguished guests*

*Rogelio Salmona, architect*
*Fuerte de Manzanillo, Cartagena de Indias bay, Colombia, 1987*
*Main house 1,200 m², Ancillary building 500 m²*

*The Colombian national heritage foundation was commissioned by the President of the Republic to select a site in Cartagena on which to construct a house to be used as a temporary residence to accommodate distinguished foreign guests. The project was commissioned to Rogelio Salmona who proposed the site of Manzanillo.*

*Salmona felt that it was essential that the new construction be lower in height than the fortress, a consideration which, combined with the narrowness of the tongue of land this occupied, resulted in the elongated horizontal treatment of the house, the importance of which was to be emphasized by setting it on top of a platform surrounded by grassy embankments.*

*The choice of the material for the masonry was also carefully studied, and felicitously resolved with the adoption of coraline stone, a noble and extremely durable material used in all of the architecture of the walled city. The structural form adopted for the ceilings was a flattened brick vault, with the stresses absorbed by combined wood and metal struts. The layout of the different rooms of this exceptional residence clearly denotes its functional complexity.*

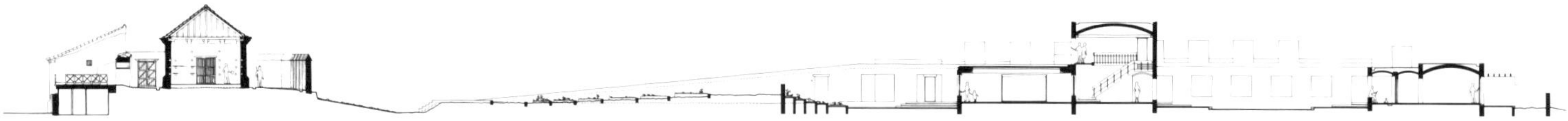

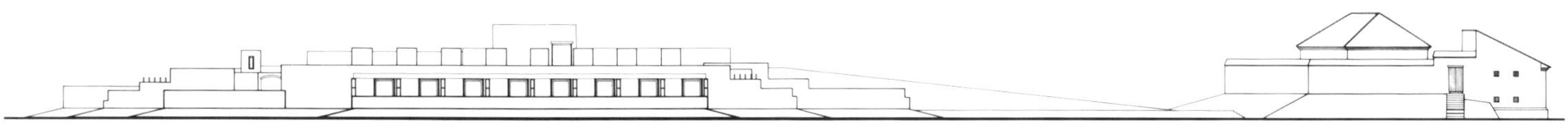

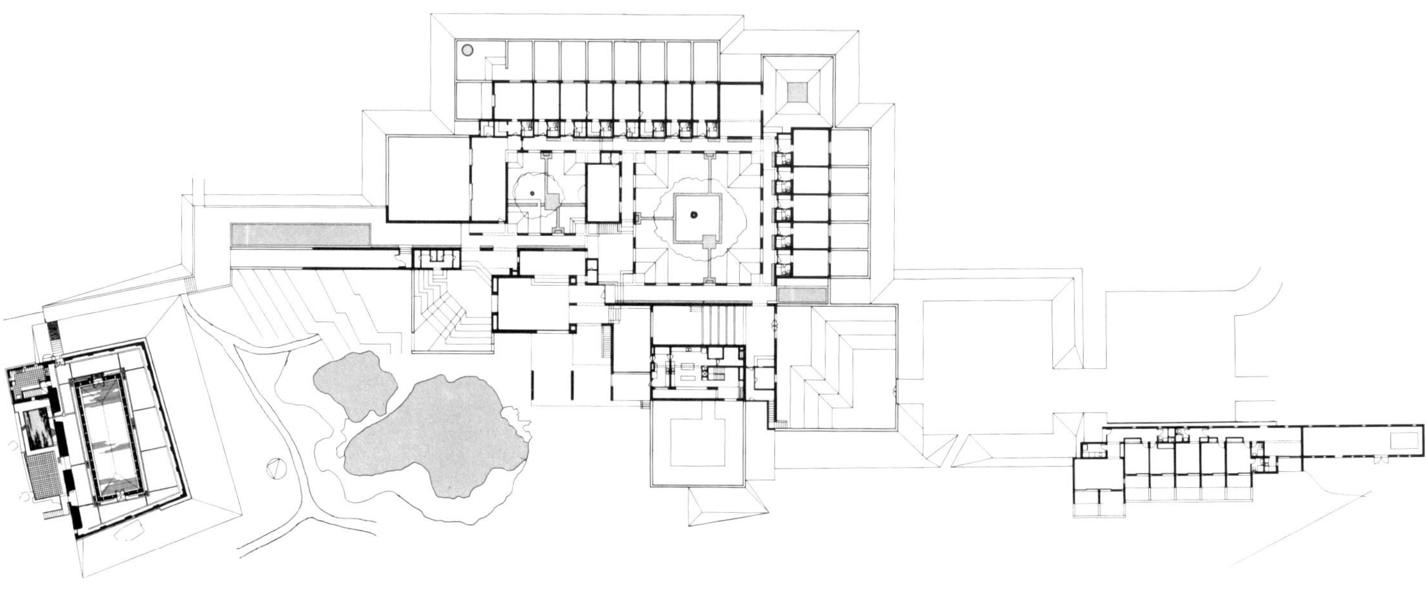

Páginas anteriores: planta general, corte, elevación, vistas de la casa y su entorno y de la rampa de acceso

*Previous pages: general plan, section, elevation and views of the house and its surroundings and the access ramp*

Diversas vistas del patio y del exterior

*Various views of the courtyard and the exterior*

Diversas vistas del patio

*Various views of the courtyard*

## Casa Michel

Bruno Stagno, arquitecto
Colaboradores: Carlos Araya, Juan Carlos Sotela, Francisco Quesada
San Antonio de Escazú, Costa Rica, 1988-1989
536 m$^2$

En un solar plantado con gran variedad de árboles y suave pendiente, se construyó esta casa que según el deseo del propietario, no debía tener desniveles, y cuya área de dormitorios debía ser independiente.

La unidad interior se logró con un espacio de circulación iluminado cenitalmente, que recorre la casa de extremo a extremo. También, desde el segundo piso, se lee con claridad cómo este espinazo integra los diferentes volúmenes de la casa. Los colores son los de los materiales al natural, madera de teca para el artesonado, marcos, puertas, ventanas y parquet; teja plana y ladrillos en el solarium y patio de servicio. Las paredes son blancas con un repello texturado que atrapa las sombras. Los techos son a una y dos aguas con caída libre en los aleros. En los extremos donde no hay aleros, aletones que salen de los muros blancos protegen las ventanas, creando grandes sombras. El espacio alto de la sala comedor se enriquece con el pasillo de ronda.

## *Michel house*

*Bruno Stagno, architect*
*Assistants: Carlos Araya, Juan Carlos Solela, Francisco Quesada*
*San Antonio de Escazú, Costa Rica, 1988-1989*
*536 m$^2$*

*The house stands on a gently sloping site with a great variety of trees; the client stipulated that there should be no differences in level in the interior, and that the bedroom area should be independent.*

*The unity of the interior is achieved on the basis of downlit circulation space which runs the entire length of the house. From the second storey it is clearly apparent that this vertebral spine connects together the various different volumes of the house. The colours are those of the natural materials: teak for the coffering, frames, doors and windows and the parquet floor; flat tile and brick in the solarium and the service courtyard. The walls are white with a textured whitewash which enhances the effect of shadow. Roofs are mono-pitch or double-pitch with a free drop at the eaves. Where there are no eaves at the end, buttresses projecting from the white walls shelter the windows, creating large areas of shade. The high interior space of the dining room is enhaced by the corridor .*

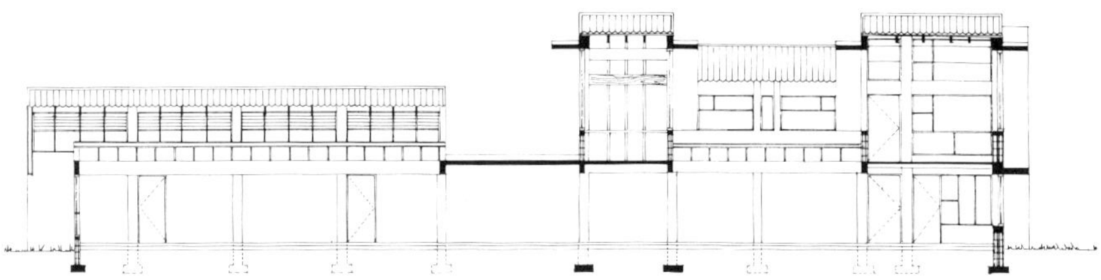

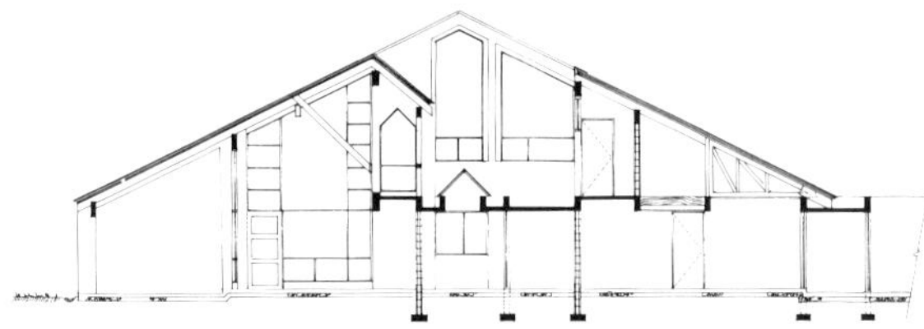

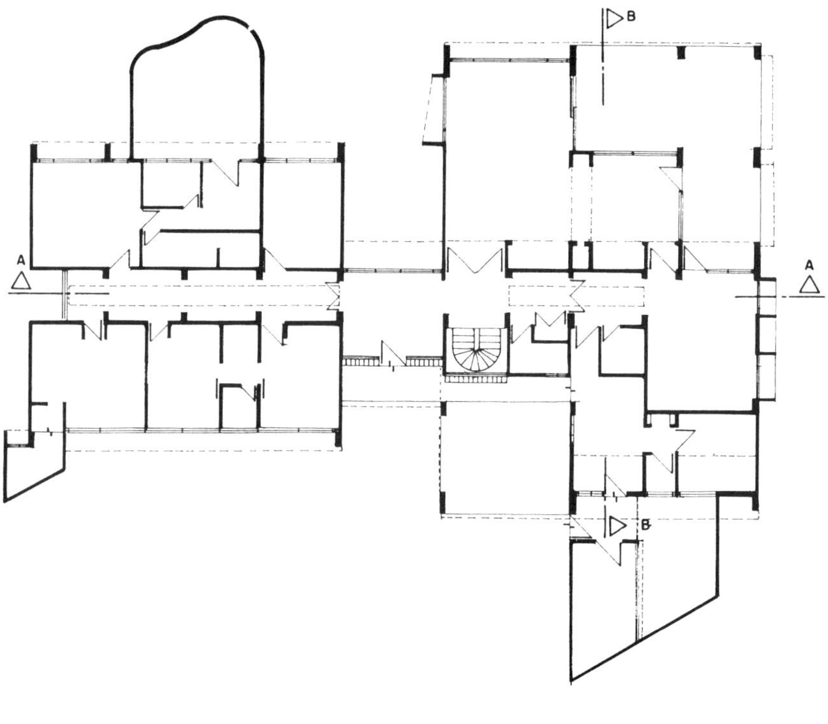

Planta, cortes y vistas del exterior

*Plan, sections and views of the exterior*

Vistas del exterior, de la sala comedor y detalle de la iluminación cenital

*Views of the exterior and the living and dining room and detail of the overhead lighting*

**Rancho «El Carmen»**

Francisco Artigas Arquitectos/
Humberto Artigas del Olmo, arquitecto
Aguascalientes, Aguascalientes, México, 1989
1.100 $m^2$

***"El Carmen" ranch***

*Francisco Artigas Arquitectos/*
*Humberto Artigas del Olmo, architect*
*Aguascalientes, Aguascalientes, Mexico, 1989*
*1,100 $m^2$*

Su diseño arquitectónico responde a la idea de lograr en cada espacio una vista a un prado, espejo de agua o sencillamente al horizonte; un espacio interior que se integra al espacio exterior a través de ventanas de piso a techo, pórticos con teja y arcos que unen volúmenes.

Sus materiales: la cantera y solera de barro en pisos, la madera natural barnizada en puertas, ventanas y vigas, así como en muebles y cubiertas.

Detalles de solera de fierro, aspecto oxidado. Muros, gruesos de aplanado rústico, color blanco en su mayoría.

Una arquitectura mexicana tomada del acervo de nuestros antepasados como una gran herencia.

*The architectonic scheme is based on the idea of giving each of the spaces a view of the meadows, of a sheet of water, or simply of the horizon, thus creating an interior space that is integrated into the exterior space by means of full-length windows, with tiled and arched porticoes linking the different volumes.*

*The materials: masonry and clay paving tiles for the floors, varnished natural wood for the doors, windows and beams, as well as the furniture and the roofs.*

*Details of the iron floor with its oxydized surface. Thick walls with a rustic rendering, for the most part in white.*

*A Mexican architecture which makes use of the heritage of our ancestors as a great legacy of the past.*

Planta general y vista de la fachada del jardín

*General plan and view of the facade overlooking the garden*

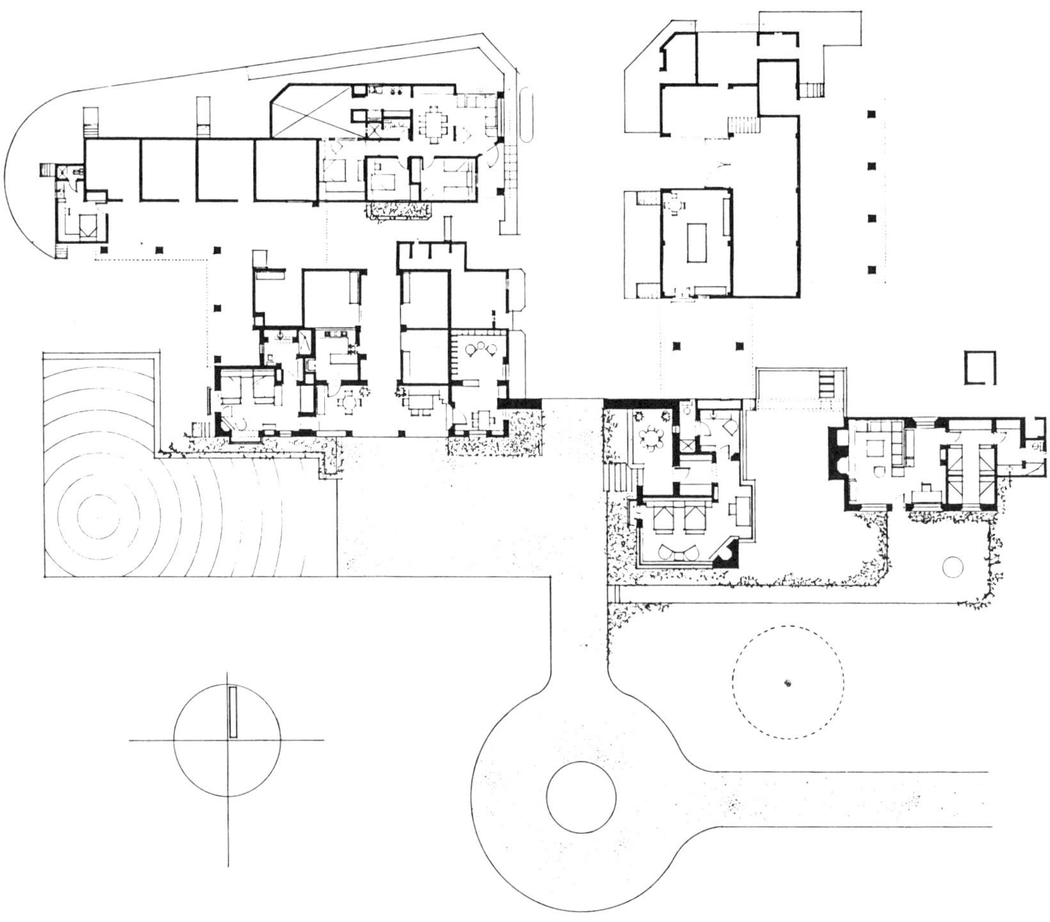

Vistas del acceso, el jardín y el interior de la casa

*Views of the access, the garden and the interior of the ranch*

## Casa de visitas

Legorreta Arquitectos/Ricardo Legorreta, Noe Castro
Jaime Nenclares García, paisajismo
Huatulco, Oaxaca, México, 1987
1.350 m$^2$

Esta casa fue diseñada para alojar visitantes distinguidos y posibles inversionistas. Era necesario lograr la forma de vida y el carácter arquitectónico que el lugar sugería.

El magnífico clima, la topografía y la integración al mar provocaron una arquitectura abierta, una profunda vegetación, altos techos de teja, manteniendo una independencia en las habitaciones de los visitantes.

El color del mar y del cielo llevaron, como reacción natural, a pintar toda la casa en un azul intenso que es además uno de los colores característicos de las construcciones tradicionales de esa zona del país.

## *Guests' residence*

*Legorreta Arquitectos/Ricardo Legorreta, Noé Castro, architects*
*Jaime Nenclares García, landscape architect*
*Huatulco, Oaxaca, Mexico, 1987*
*1,350 m$^2$*

*This house was designed to accommodate important visitors and potential investors. It was essential that it should successfully embody the way of life and the architectonic character suggested by its location.*

*The splendid climate, the topography and the close relationship with the sea prompted an open architecture, with abundant vegetation and high tiled roofs, effectively preserving the independence of the different suites of guest rooms.*

*The colours of the sea and sky led, as a natural response, to the entire house being painted a deep blue, which is at the same time a colour typically used for constructions in this part of the country.*

Plano de situación, elevaciones y vistas de la piscina

*Location plan, elevations and views of the swimming pool*

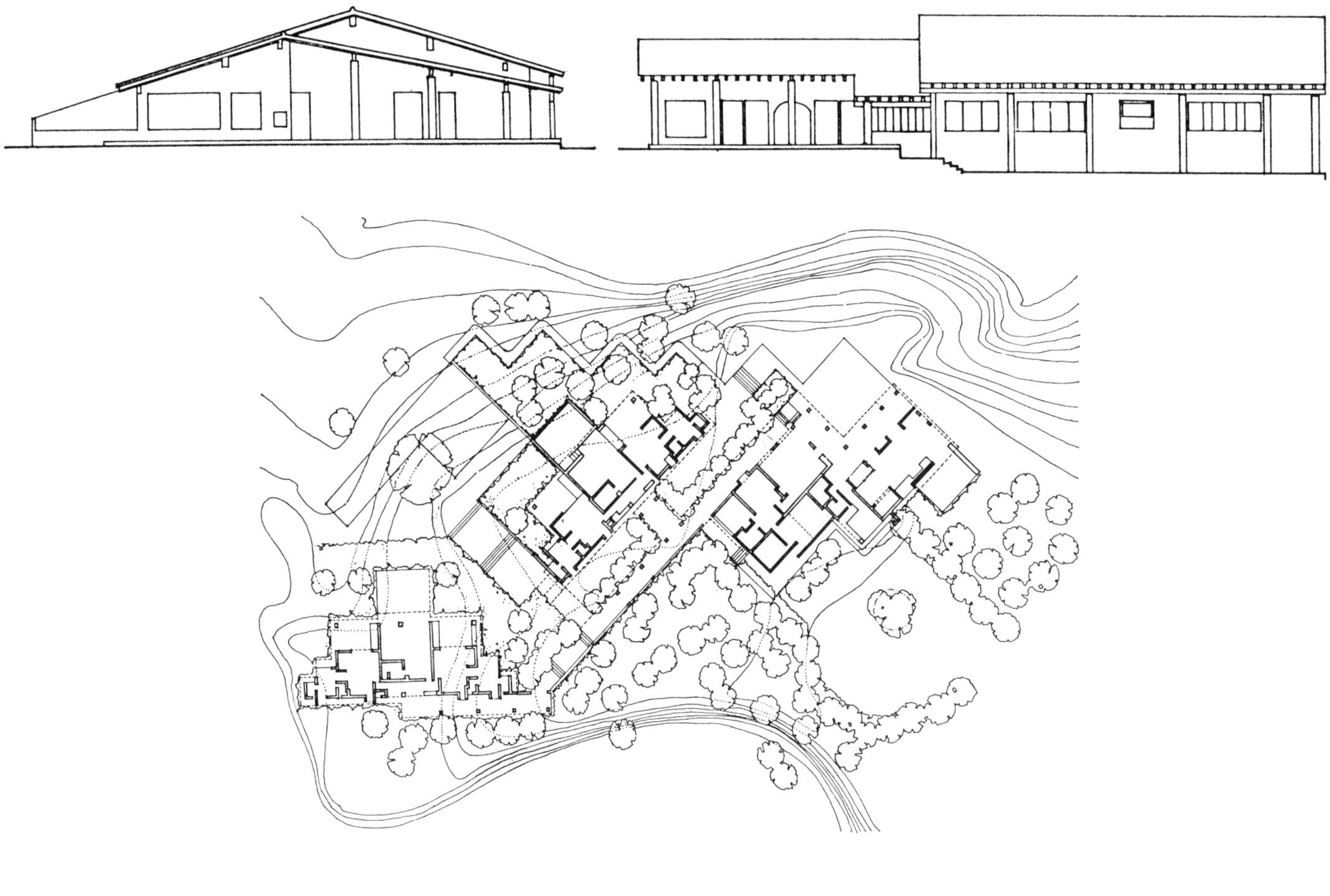

## Casa Yazbek

Jaime Ortiz Monasterio, arquitecto
Valle de Bravo, México, México, 1985
450 m$^2$

## *Yazbek house*

*Jaime Ortiz Monasterio, architect*
*Valle de Bravo, Mexico, Mexico, 1985*
*450 m$^2$*

El programa arquitectónico: tres recámaras provistas de vestidor-guardarropa y baño; amplia estancia-comedor; cocina, bodegas y servicios cercanos a ésta, y un amplio estudio de escultura y pintura asoleado por la mañana; con excepción de este último, todas las habitaciones deberían mirar al lago, así como las amplias terrazas y la piscina cuya ubicación debería estar al frente y al mismo nivel que la estancia y la recámara de la dueña.

Una sola estructura de cubierta, de madera de pino laminada, pone techo a toda la casa. Todos los muros de tabique de barro recocido, son aparentes y, al igual que los dos grandes muros de piedra rústica extraída del sitio, que separan al estudio y los servicios del resto de la casa, son muros portantes de la carga de la cubierta, a la que se unen por medio de conectores de acero visibles.

La piscina circular y el cuarto de equipos bajo ésta, se apoyan sobre el terreno. Las terrazas de planta hexagonal a los lados de la piscina -y a su mismo nivel-, son apoyadas por dos grandes columnas huecas en forma hexagonal, que contienen una, el ascensor con cabina panorámica y la otra la escalera de emergencia.

*The architectural programme consists of three bedrooms with dressing room and bathroom, a spacious living and dining room, the kitchen with the storerooms and services adjoining it, and a large sculpture and painting studio, which receives the morning sun. Apart from the studio, all the rooms enjoy views of the lake, as do the wide terrace and the swimming pool, in front of the house on a level with the living room and the client's bedroom.*

*A single structure of laminated pine roofs the house. All the partition walls of terracotta are left exposed, and these, together with the two main walls of rough local stone which separate the studio and the services from the rest of the house, take the weight of the roof, supporting this by means of exposed steel connectors.*

*The circular swimming pool and the machine room under it rest directly on the ground. In this way, the hexagonal terraces at the sides of the pool –and on a level with it– are supported on two large hollow hexagonal columns, one of which contains the hydraulic lift with its panoramic cabin, and the other the emergency stairs.*

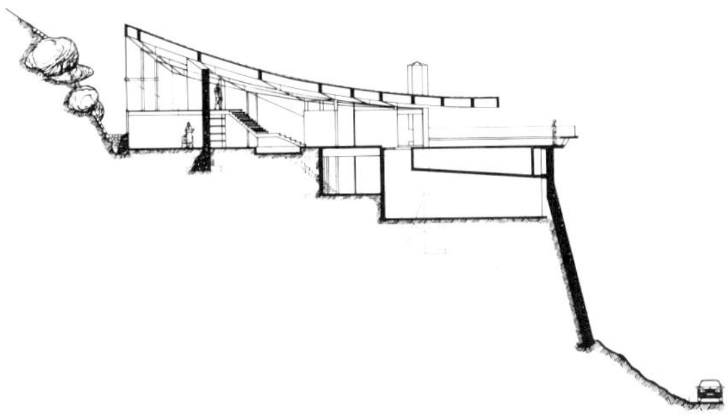

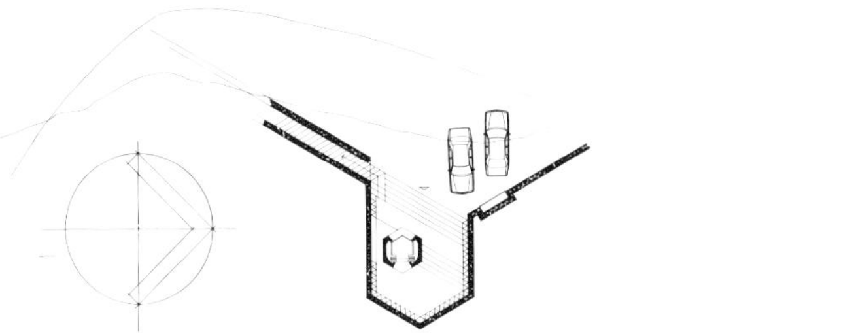

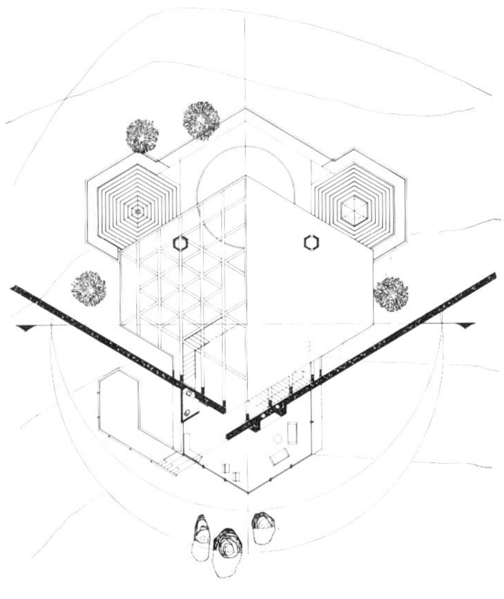

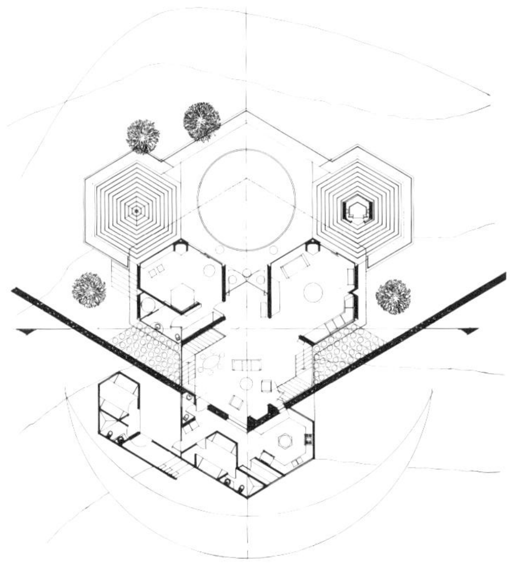

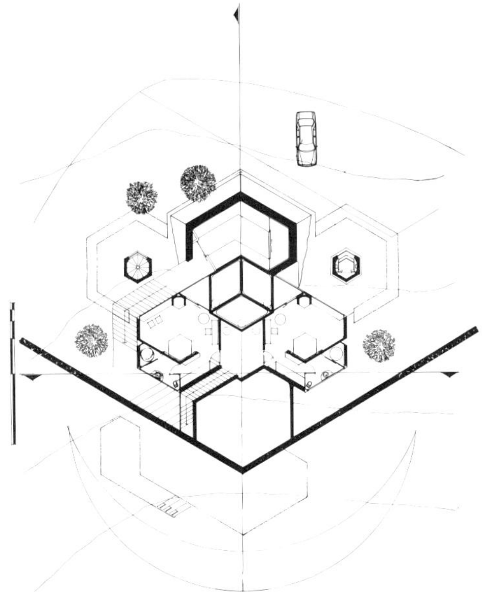

Páginas anteriores: plantas, corte y vista de una de las columnas de la planta hexagonal

*Previous pages: plans, section and view of one of the hexagonal-section columns*

Vista de la sala de estar-comedor desde el exterior y vista desde el interior de la misma; vista de una de las terrazas hexagonales junto a la piscina y detalle del vuelo de la cubierta de madera sobre la piscina

*View of the living and dining room from the exterior and view from the interior looking out; view of one of the hexagonal terraces by the swimming pool and detail of the projection of the wooden roof over the pool*

Detalle de la cubierta de madera y de la escalera interior

*Detail of the wooden roof and the interior staircase*

## Casa-torre

Antonio Toca Fernández, arquitecto
Culiacán, Sinaloa, México, 1990
325 m²

La casa está diseñada para adaptarse al terreno y las condiciones del entorno físico, cultural y climático del lugar. El conjunto se dividió en dos partes: la primera, paralela a la calle, contiene el estacionamiento cubierto, un estudio y un dormitorio de huéspedes, la segunda, resuelta como una torre, aloja el resto de la casa. La fuerte pendiente del terreno fue aprovechada para formar cuatro plataformas sobre las que se desplantaron la zona de estacionamiento, un jardín intermedio, la torre y un jardín posterior.

Cada uno de los niveles de la torre fue destinado a un uso diferente. El acceso desde la calle se realiza por un puente de hormigón que remata en un pequeño vestíbulo exterior; de ahí se entra al vestíbulo general. Este nivel se destinó a la zona pública, con la sala de estar y comedor. El nivel intermedio, se destina para habitación de tres jóvenes y un estudio. El último, situado a seis metros bajo el acceso de la calle, se reservó para una estancia familiar, una pequeña biblioteca y el dormitorio de los padres; desde este nivel se sale a una terraza cubierta que se integra al jardín posterior.

El giro de la torre permitió que los muros ciegos se orientaran hacia el sur y el poniente, evitando así el fuerte asoleamiento. La torre de las escaleras interconecta todos los niveles y su desarrollo, en planta cuadrada, permite bajar y subir más cómodamente, ya que cuenta con cuatro descansos en cada entrepiso.

## *Tower house*

*Antonio Toca Fernández, architect*
*Culiacán, Sinaloa, Mexico, 1990*
*325 m²*

*The house has been designed to adapt to the terrain and the physical, cultural and climatic conditions of the environment. The complex is composed of two parts: the first, parallel to the street, comprises the roofed parking bay, a studio and a guests' bedroom; the second, in the form of a tower, contains the rest of the house. The steeply sloping terrain has been exploited to create four platforms which respectively accommodate the parking bay, an intermediate garden, the tower and a second garden to the rear.*

*Each of the different levels of the tower has been assigned a different use. Access from the street is by way of a concrete bridge which concludes in a small exterior vestibule. This uppermost level serves as the public zone of the house, containing the living room and dining room. The middle level accommodates the bedroom for the three children and a study, while the lower level, six metres below the street access, contains the family living room, a small library and the parents' bedroom. This level leads out onto a roofed terrace which connects with the garden to the rear.*

*The turning of the tower has allowed the blind walls to be oriented to south and west, thus avoiding the most intense sunlight. The tower housing the stairs interconnects the different levels, and its development on a square plan makes for easy ascent and descent, with four landings per floor.*

Plantas y detalle del puente de acceso

*Plans and detail of the access bridge*

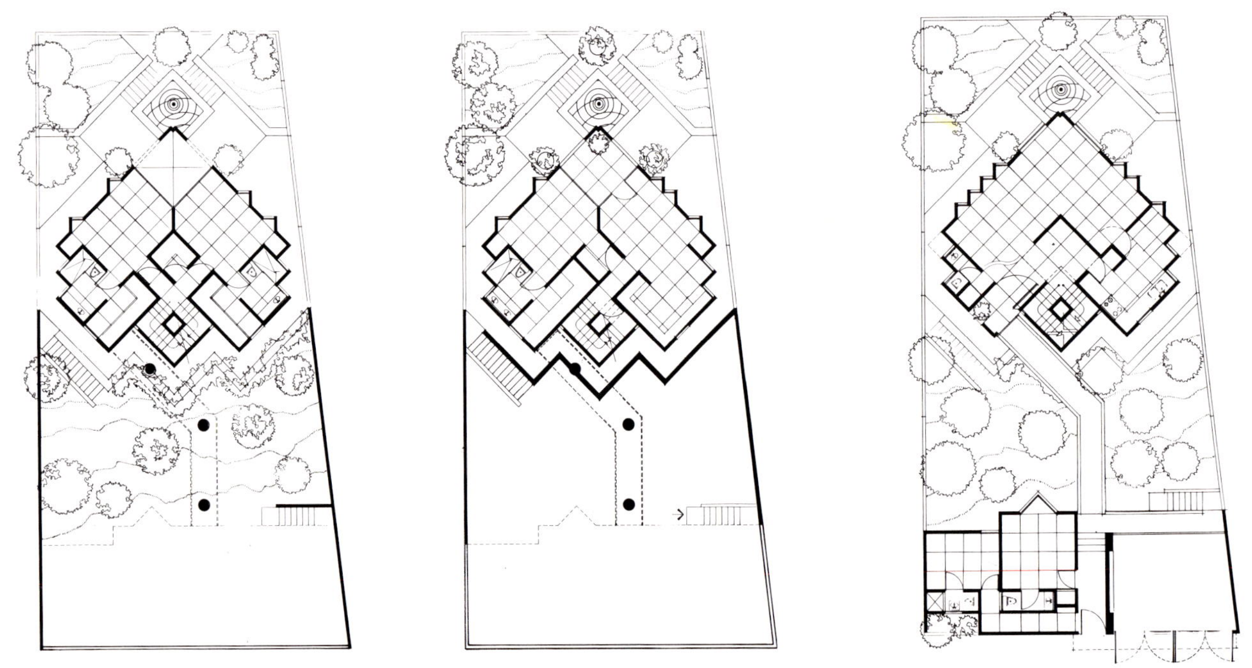

Vista del exterior, vistas de la terraza-azotea y de la sala de estar-comedor

*View of the exterior and views of the roof terrace and the living and dining room*

Detalle de la escalera exterior, vista de la fuente y varias vistas del exterior y del acceso

*Detail of the exterior stairs, view of the fountain and various views of the exterior and access*

## Vivienda unifamiliar en Loma Larga

Alejandro Zohn, arquitecto
Guadalajara, Jalisco, México, 1989
396 $m^2$

El proyecto ha tratado de adaptarse al terreno y tomar el paisaje como elemento regente sin perder la intimidad de la vivienda. La casa está prácticamente cerrada hacia la calle. El acceso se efectúa a través de un pequeño patio escalonado, el cual lleva al vestíbulo. Desde éste se abre ya la vista al paisaje, a través de la sala de estar y de la terraza.

Todos los recintos principales de la casa tienen ventanas correderas, de madera, que pueden abrirse completamente, ocultándose en nichos, de tal manera que el interior y el exterior se integran de manera completa y los vidrios desaparecen de la vista. Con este sistema todos los espacios se convierten en terrazas y se logra un verdadera continuidad entre interiores y exteriores; el clima agradable de la ciudad lo permite en prácticamente todo el año.

Las formas de la casa son libres, sin someterse a una geometría preconcebida. Hay paños ciegos donde la orientación o los requerimientos interiores o la relación con el contexto urbano así lo requieren; hay aberturas, de acuerdo a las vistas y orientaciones, con voladizos que las protegen. Los muros de contención se ajustan a la configuración del terreno y continúan la volumetría de la casa.

Todos los exteriores tienen un aplanado rugoso, pintado de rosa intenso. Este color se inspira en el que se ha usado durante mucho tiempo en la arquitectura popular de la región, y combina excelentemente con el azul intenso del cielo y con el verde de la vegetación.

Los pisos de diversas áreas se han hecho con materiales de barro de tipo artesanal. Se ha empleado la madera en profusión: en los ventanales, en el barandal de la terraza, en el piso de la sala de estar-comedor, y en la cubierta de la terraza principal.

## *Private house in Loma Larga*

*Alejandro Zohn, architect*
*Guadalajara, Jalisco, Mexico, 1989*
*396 $m^2$*

*The project set out to adapt to the terrain and to take the landscape as the dominant element, without sacrificing the house's privacy. The house is virtually closed towards the street. Access is by way of a small stepped courtyard which gives onto the vestibule. From this the landscape is already visible in the distance, beyond the living room and the terrace.*

*All of the main rooms of the house have full-length wood-frame windows which slide back into niches so that the interior and exterior are perfectly continuous, and the windows disappear from sight. In this way all the spaces assume the quality of terraces and the exterior entirely permeates the interiors; the very pleasant climate here makes this a practical possibility for most of the year.*

*The forms of the house are free in that they have not been subordinated to any preconceived geometry. There are stretches of blind wall where the orientation, the nature of the interior or the relationship with the urban context invite this, and openings corresponding to attractive views and orientations, sheltered by projecting eaves. The load-bearing walls adapt to the configuration of the terrain and continue the volumetry of the house.*

*All of the exterior walls are roughly rendered and painted a deep pink. The choice of this colour derives from its traditional use in the local vernacular architecture, and it combines well with the intense blue of the sky and the green of the vegetation.*

*The floors in various parts of the house are of ceramic materials worked in traditional ways. Wood has been used extensively, not only for the full-length windows, but for the balustrade around the terrace, the floor of the living and dining room, and the roof of the main terrace.*

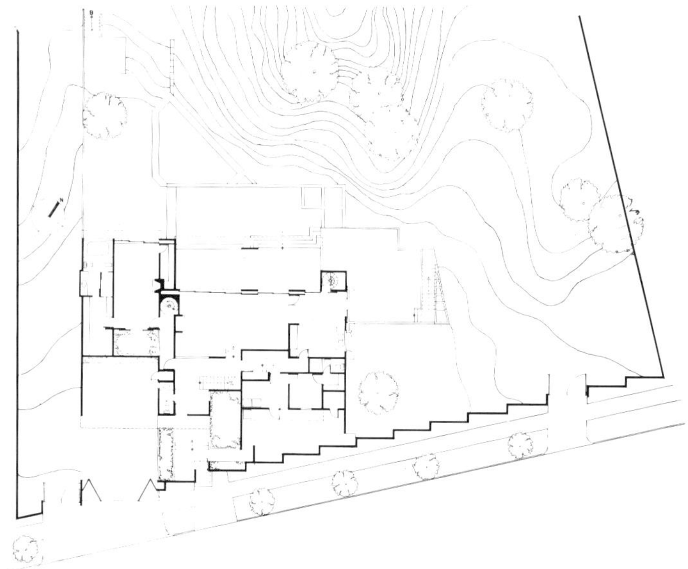

Planta, corte y vista de la casa desde la calle y desde el jardín

*Plan, section and views of the house from the street and from the garden*

Vistas de la casa desde el jardín y desde el acceso; detalles del interior y vista de la terraza-azotea

*Views of the house from the garden and from the access, details of the interior and view of the roof-terrace*

## Casa Ghezzi

Juvenal Baracco, arquitecto
Playa La Barca, Lurín, Lima, Perú, 1983-1984
218 m$^2$

La casa se ubica a media ladera entre el tablazo y la playa, incrustada en la arena del talud, mimetizada con el entorno desértico y su escala en términos muy modestos y simples. Consta de cinco habitaciones y sus respectivos servicios distribuidos formando una «U» abierta al mar, alrededor de una estructura virtual de mayor altura que techa una terraza central de usos múltiples, abierta al paisaje.

Se trata de retomar algunas enseñanzas ancestrales de las viviendas precolombinas para el desierto. Esto es posible por el reducido programa de áreas y la informalidad de la vida de balneario que se desarrolla fundamentalmente en la terraza techada en la tradición de los recreos costeños típicos.

El sistema constructivo es de muros portantes de ladrillo solaqueado y pintado, los techos son planos de madera, caña, esteras y barro, con ladrillo pastelero de protección final. Dimensionalmente la casa está formada por un sistema de cubos de 3,20 m de lado, que asegura techos altos para evitar la radiación excesiva del calor del verano. La carpintería está realizada en madera con vidrios pequeños, pintada del verde tradicional limeño y la terraza es una estructura de palos de eucalipto que sostienen una cubierta de carrizo sin traslapar, que produce sombras de gran riqueza en el área social.

## *Ghezzi house*

*Juvenal Barraco, architect*
*La Barca beach, Lurín, Lima, Peru, 1983-1984*
*218 m$^2$*

*The house is situated halfway between the edge of the plateau and the beach, set in the sand of the embankment, and camouflaged thanks to its desert surroundings and its simplicity and modesty of scale. It has five rooms and their corresponding services, laid out in a "U" formation open to the sea around a higher rudimentary structure covering a central terrace accommodating a variety of different functions, looking out over the surrounding landscape.*

*The idea here was to return to certain ancestral models developed in pre-Columbian desert dwellings. This proved to be perfectly feasible given the house's modest programme of areas and the informality of the beach lifestyle, essentially focused on the roofed terrace, very much in the classic tradition of seashore leisure activities.*

*The construction system is based on rendered and painted load-bearing walls of brick, and flat roofs of wood, cane, wicker and clay, with a final protective layer of cladding brick. In terms of its dimensions, the house is constructed on the basis of a system of cubes measuring 3.2 m$^3$, which thus ensures ceilings high enough to offset the radiation of heat in the summer. The carpentry is of wood, painted in the green typical of the Lima region, with small panes of glass; the terrace has a structure of posts of eucalyptus wood supporting a cane roof which casts richly variegated shadows in the social area of the house.*

Planta, axonometría y vistas de la casa y su entorno

*Plan, axonometric sketch and views of the house and its surroundings*

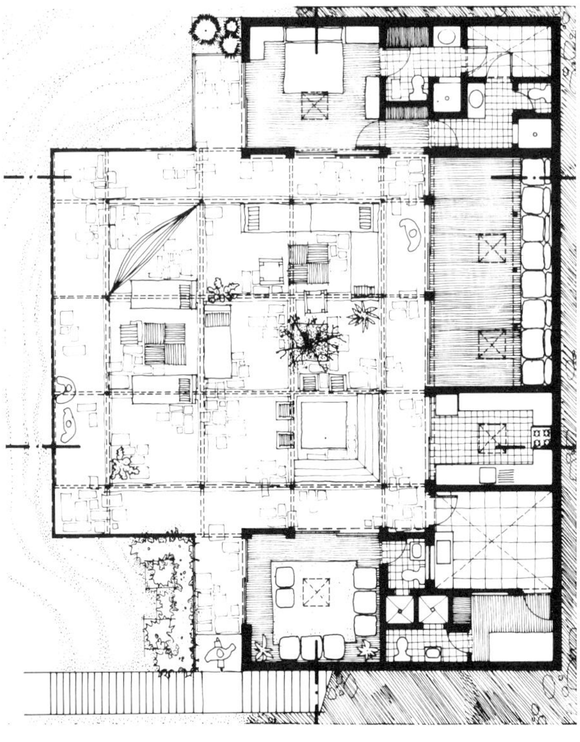

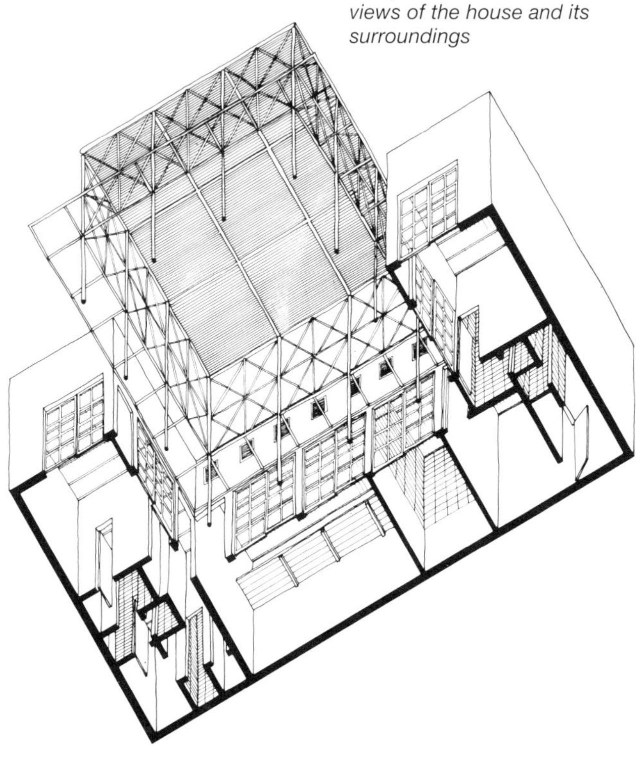

Diversas vistas de la terraza central abierta al paisaje

*Various views of the central terrace open to the landscape*

## Casa Gómez

Guillermo Málaga Sotomayor, arquitecto
La Planicie, Lima, Perú, 1982-1983
523 m²

La casa se ubica en un barrio urbano residencial de baja densidad en las afueras de Lima, sobre un terreno con pendiente ascendente de la calle hacia un campo de golf y limitado lateralmente por propiedades vecinas.

El programa requería, además de lo usual en una residencia de estas características, de independencia en las zonas de domir y estar de padres, hijos y huéspedes así como accesos directos del vestíbulo de entrada y salidas al jardín y piscina.

Los ambientes de estar se abren hacia el jardín, piscina y campo de golf y reciben el sol de la mañana; las zonas de servicio y circulación se sitúan sobre el frente de la calle y al sol de la tarde.

La estructura es de muros portantes de albañilería con refuerzos de hormigón armado y losas de hormigón y ladrillo hueco. Los acabados en muros y cielorasos son enlucido con mezcla de cemento-arena; en los pisos se ha utilizado madera, alfombra, laja piedra y cerámica vidriada. Las puertas y ventanas son de madera Ishpingo laqueada.

## *Gómez house*

*Guillermo Málaga Sotomayor, architect*
*La Planicie, Lima, Peru, 1982-1983*
*523 m²*

*The house is situated in a low-density urban residential development on the outskirts of Lima, on a sloping plot which climbs back from the street to a golf course, bounded on either side by neighbouring properties. In addition to the usual features found in a house of this kind, the programme required that the different areas for the bedrooms and living rooms for parents, children and guests be independent of one another, each with its own separate access from the entrance hall and out to the garden and swimming pool.*

*The living areas open onto the garden, swimming pool and golf course, and receive the morning sun, while the services and circulation spaces occupy the front of the house overlooking the street, with sun in the afternoon.*

*The structure consists of load-bearing walls in brick with reinforced concrete supports and slabs of concrete and hollow brick. Walls and ceilings are finished with a sand and cement rendering; the floors are of wood, stone flags or glazed tiles, covered with rugs. Lacquered Ishpingo wood has been used for the doors and windows.*

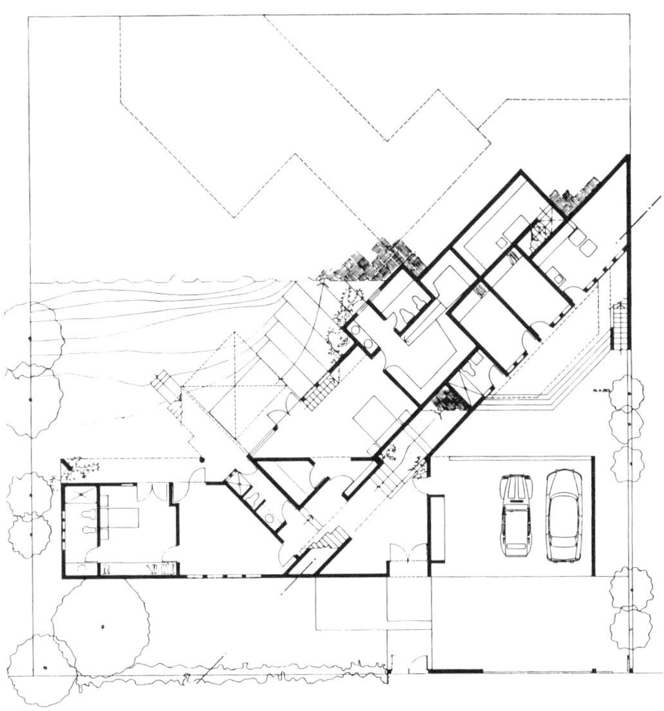

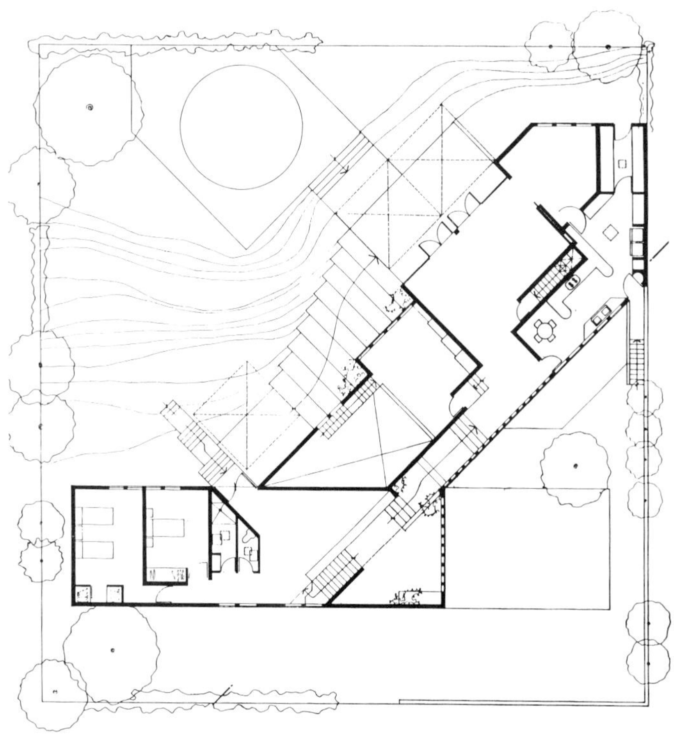

Plantas y vista del acceso

*Plans and view of the access*

## Vivienda unifamiliar

Tomás Marvel, arquitecto
Dorado, San Juan, Puerto Rico, 1989
420 m$^2$

El diseño refleja el estilo de vida de una hacienda de la época del cambio de siglo. A la vez, la residencia deriva sus líneas horizontales del estilo de la pradera y uno de sus proponentes, el arquitecto Antonín Nechodoma, quien hizo muchas residencias elegantes durante esa época en el Caribe.

La secuencia de entrada a la residencia se realiza a través de una pared que niega la vista de los jardines hasta que nos encontramos en el espacio de la sala. Un plano cruciforme orienta los espacios principales alrededor de un vestíbulo y provee los medios para una ventilación cruzada logrando un confort natural. La construcción es de hormigón armado con un techo de madera. Los techos, tan importantes en el clima tropical para proteger la estructura del sol y la lluvia, están en dos niveles. El techo principal de la casa lleva aleros generosos y los techos de la galería perimetral sirven como elemento protector a los espacios habitables en la primera planta.

Existe un ritmo espacio-estructural que refuerza la orientación de los espacios interiores hacia las tres vistas predominantes.

## *Private house*

*Tomás Marvel, architect*
*Dorado, San Juan, Puerto Rico, 1989*
*420 m$^2$*

*The design reflects the way of life of a turn-of-the-century hacienda. At the same time, the house borrows its horizontal lines from the prairie style and one of its leading exponents, the architect Antonin Nechodoma, who constructed a number of elegant residences in the Caribbean during that period.*

*Entrance to the house is conducted through a wall which conceals the gardens from view until the living room has been reached. The cruciform plan orients the principal spaces around the vestibule, as well as allowing through ventilation, thus affording a naturally comfortable environment without the need for air conditioning. The construction is of reinforced concrete, with a wooden roof. The roofs, always of great importance in the tropics as protection from the sun and rain, are on two levels. The main roof of the house has generous eaves, and the roofs over the peripheral gallery also serve the rooms on the first floor.*

*There is here a spatio-structural rhythm which underpins the orientation of the interior spaces towards the three most imposing views.*

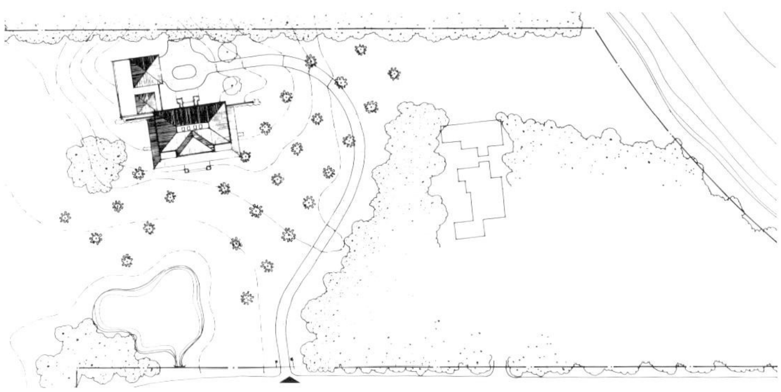

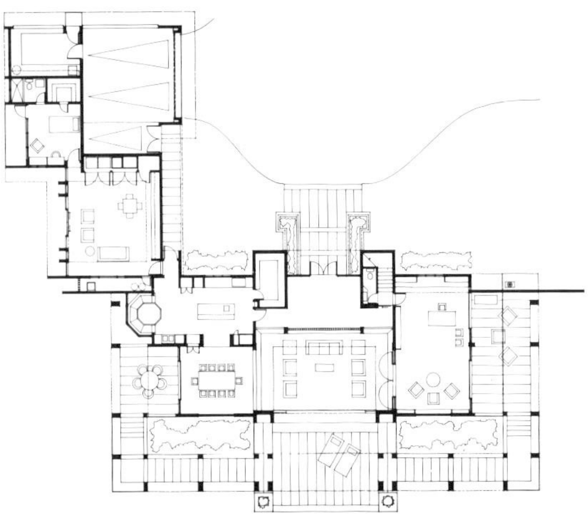

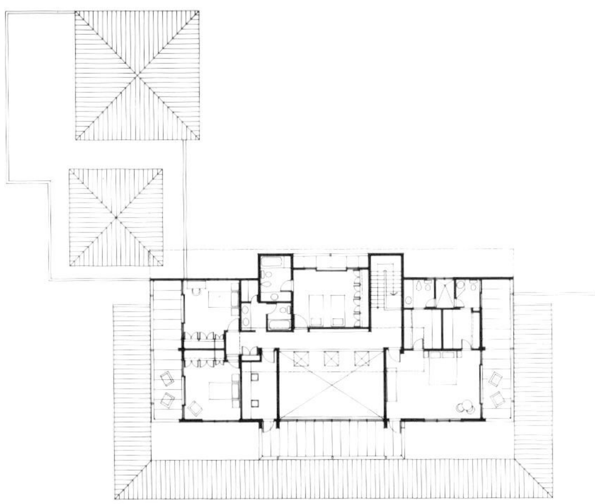

Plano de situación, plantas y vista de la casa y su entorno

*Location plan, plans and view of the house and its surroundings*

Vistas del interior, del porche, de la fachada del jardín y de la entrada

*Views of the interior, the porch, the garden facade and the entrance facade*

## Casa Dieste

Eladio Dieste, ingeniero
Punta Gorda, Montevideo, Uruguay, 1962
350 m²

La vivienda debía albergar a una familia formada por los padres, once niños y una empleada. La solución buscada a la planta tuvo en cuenta varias intenciones principales:

1. Dar a la casa buenas vistas hacia el mar, pero hacerlo, sin embargo, no volcándola hacia afuera, sino guardando su intimidad y recogimiento y orientando bien, en lo posible, todas las habitaciones (al norte o al noroeste).
2. Multiplicar los sitios de estar para dar a sus moradores variedad de posibilidades de relacionarse y, a la vez, de tener el grado de independencia que pudieran desear en algún momento.
3. Abrir los ambientes al exterior, pero con medida.
4. Dada la distribución de los niños por sexos y edades se necesitaba, sin contar el de servicio, un mínimo de cuatro dormitorios que no cabían en el ancho del terreno. Así, se llevó el dormitorio de los cuatro niños mayores a la planta baja, iluminándolo con un patio inglés.
5. Los juegos de niveles a que se fue llegando por razones funcionales se aceptaron y se fijaron, en definitiva, procurando usarlos como medio expresivo.
6. Por último, se debía intentar que, además del paisaje natural y del que crea la arquitectura, fuese también rico el paisaje humano.

## *Dieste house*

*Eladio Dieste, engineer*
*Punta Gorda, Montevideo, Uruguay, 1962*
*350 m²*

*The house was designed for a family comprising the parents, their eleven children and a maid. The solution developed in the plan took into account a series of key considerations:*

1. *To allow the house to enjoy views of the sea, while retaining its privacy and intimacy, rather than turning it inside out, and providing all of the rooms with an optimum orientation (north or northwest) where possible.*
2. *To multiply the living areas in order to give the family a variety of options for communal contact while preserving the maximum degree of independence.*
3. *To open the rooms to the exterior, but not excessively.*
4. *In view of the ages and sexes of the children in the family, there was a need for at least four bedrooms, not counting the maid's room. The dimensions of the plot could not accommodate this number, so the bedroom for the four older boys was situated on the ground floor, with a light well for ilumination.*
5. *The changes in level decided on for functional reasons were accepted and fixed with the intention of using them as an expressive element.*
6. *Finally, to seek to ensure that, in addition to the natural landscape and that created by the architect, the human landscape should also be rich.*

Planta, corte longitudinal y vista de la fachada

*Plan, longitudinal section and view of the facade*

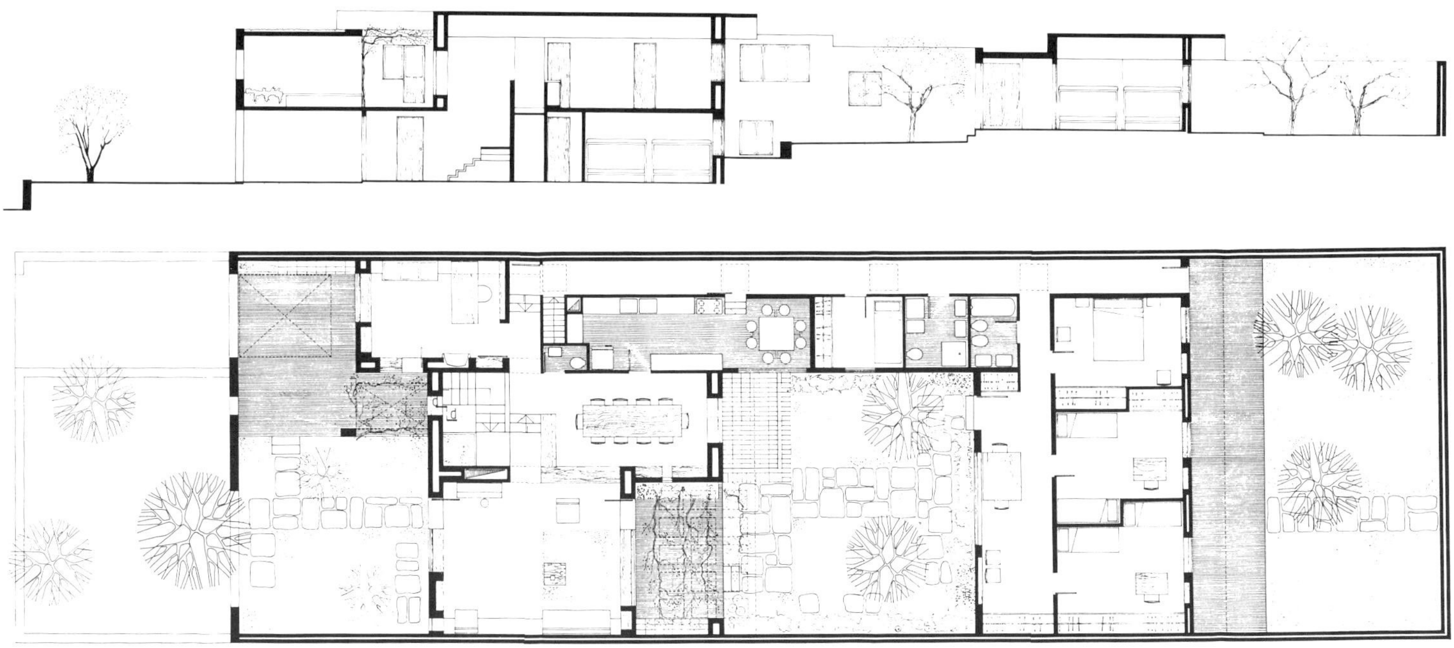

Páginas siguientes: vista del interior y de la bóveda apergolada que da al patio interior

*Following pages: views of the interior and the vaulted pergola giving onto the interior courtyard*

## Viviendas unifamiliares en Punta Piedras

Horacio Baliero, Ernesto Katzenstein, arquitectos
Maldonado, Uruguay, 1989-1991
300 $m^2$ (casa principal) y 100 $m^2$ (torre)

El uso de las casas no es sólo veraniego, ya que los dueños suelen pasar temporadas más o menos largas durante el resto del año. Por tal razón el piso alto de la casa principal está calefaccionado y forma una especie de unidad autosuficiente. Se elevó para aprovechar las notables vistas y para ubicar por debajo el garaje, los dormitorios de huéspedes y una zona de servicios independiente.

La vista principal hizo que las casas se abrieran al este, pero también hay aberturas al oeste y al norte para lograr, después de la mañana, una luz cálida de interior. La terraza hacia el este, de madera, está protegida de los frecuentes vientos del sur.

La zona del comedor da al este, hacia una gran bahía distante. El dormitorio principal tiene dos ventanas, una al este y otra al oeste. El taller tiene una gran ventana, abierta al sur, y otras menores con postigos para regular la luz. En definitiva, el mismo exterior es visto como un conjunto de diversos paisajes en un recorrido interior por las casas, según los diferentes encuadres y luces.

El tratamiento de los muros, tanto interiores como exteriores, y de los cielorrasos es de revoque del color de la arena que rodea las casas. Los pisos son de cemento, con juntas del mismo tono muy espaciadas.

## *Two private houses in Punta Piedras*

*Horacio Baliero and Ernesto Katzenstein, architects*
*Punta Piedras, Maldonado, Uruguay, 1989-1991*
*300 $m^2$ (main house); 100 $m^2$ (tower)*

*The houses are not only used in the summer; the clients frequently spend periods of time here throughout the year. For this reason, the upper floor of the main house has central heating and constitutes a virtually self-contained unit This floor was added to take advantage of the fine views and to create space for the garage, the guests' bedrooms and a separate service zone underneath it.*

*The orientation of the most interesting view prompted the opening of the house to the east, but there are windows in the north and west facades, too, so that the interiors enjoy a warm afternoon light. The terrace on the east facade, of wood, is protected from the frequently strong southerly winds.*

*The dining area looks to the east, towards the great bay far off in the distance. The main bedroom has two windows, one facing east, one west. The studio has one large window, which is naturally south-facing, and other smaller windows with shutters to regulate the light.*

*The treatment of the interior and exterior walls and the ceilings is a plaster rendering that exactly echoes the colour of the sand all around the houses. The floors are of cement, with ample joints in the same tone.*

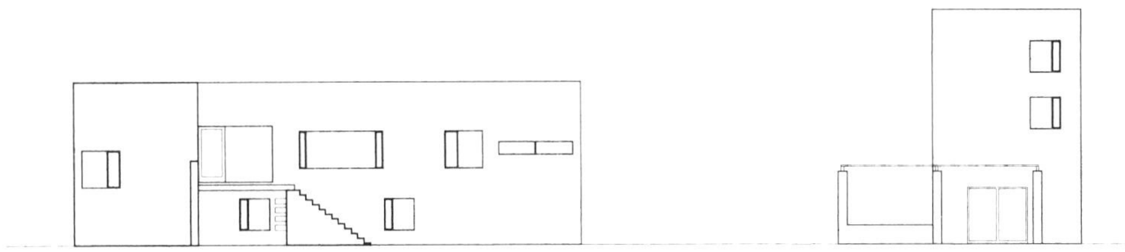

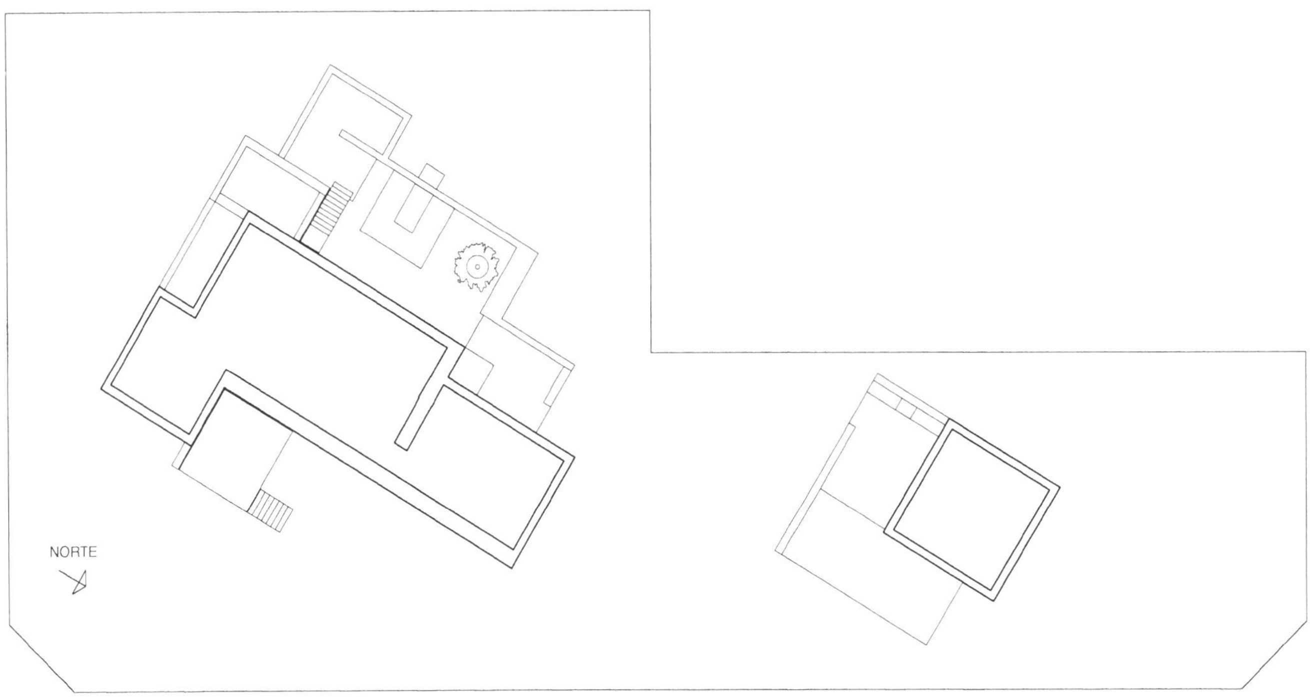

Planta general, elevaciones, vistas del conjunto y de la casa principal

*General plan, elevations and views of the complex and the main house*

Taller, terraza, detalle de la escalera y del patio

*Studio, terrace and detail of the stairs and the courtyard*

# Fotógrafos/*Photographers*

Rancho «El Carmen», México/*"El Carmen", ranch Mexico*
**Eduardo Carrasco**

Casa de huéspedes ilustres, Colombia/*Residence for distinguished guests, Colombia*
**Ricardo Castro**

Casa-Torre, México/*Tower house, Mexico*
**Gabriel Covián**

Vivienda unifamiliar en Mar del Plata, Argentina/*Private house in Mar del Plata, Argentina*
**Eduardo Errecalde**

Vivienda unifamiliar en Florida Blanca, Colombia/*Private house in Florida Blanca, Colombia*
**Juan Felipe Gómez**

Vivienda unifamiliar en Dois Irmâos, Brasil/*Private house in Dois Irmâos, Brazil*
**Mario Grisolli**

Vivienda unifamiliar en Jardim Vitória-Régia, Brasil/*Private house in Jardim Vitória-Régia, Brazil*
**Nelson Kon**

Casa de visitas, México/*Guest's residence, Mexico*
**Lourdes Legorreta**

Vivienda unifamiliar en Mury, Brasil/*Private house in Mury, Brazil*
**Ruben Mano & Hugo Segawa**

Casa Yazbek, México/*Yazbek house, Mexico*
**Germán Morales de León**

Vivienda unifamiliar en Mosqueiro, Brasil/*Private house in Mosqueiro, Brazil*
**Patrick Pardini**

Dos casas en Punta Piedras, Uruguay/*Two houses in Punta Piedras, Uruguay*
**Danny Rizzo**

Vivienda unifamiliar en Poratim do Bom Sucesso, Brasil/*Private house in Poratim do Bom Sucesso, Brazil*
**Hugo Segawa**

Casa-estudio, Argentina/*House-cum-studio, Argentina*
**Gustavo Sosa Pinilla**

Casa Rueda, Colombia/*Rueda house, Colombia*
**Germán Téllez**

Casa de vacaciones, Argentina/*Holiday house, Argentina*
**Clorindo Testa**

Vivienda unifamiliar en El Dorado, Puerto Rico/*Private house in El Dorado, Puerto Rico*
**Max Toro**

**Versión inglesa**: Graham Thomson



*Printed in Spain*
ISBN: 968-887-244-X
Impresión: Grafos, S.A. Arte sobre papel

La edición consta de 5.000 ejemplares más sobrantes para reposición.